THE
MASTER KEY
SYSTEM

世界上神奇的24堂课

[美]查尔斯·哈奈尔◎著　焦海利◎译

中国致公出版社·北京

图书在版编目（CIP）数据

世界上神奇的 24 堂课 /（美）查尔斯·哈奈尔著；焦海利译 . -- 北京：中国致公出版社，2024.6（2024.8 重印）
ISBN 978-7-5145-2212-9

Ⅰ.①世… Ⅱ.①查…②焦… Ⅲ.①成功心理 – 通俗读物 Ⅳ.① B848.4-49

中国国家版本馆 CIP 数据核字 (2023) 第 244599 号

世界上神奇的 24 堂课 /（美）查尔斯·哈奈尔 著 / 焦海利 译
SHIJIE SHANG SHENQI DE 24 TANG KE

出　　版	中国致公出版社
	（北京市朝阳区八里庄西里 100 号住邦 2000 大厦 1 号楼西区 21 层）
发　　行	中国致公出版社（010-66121708）
责任编辑	董　娟
责任校对	魏志军
责任印制	宋洪博
印　　刷	三河市天润建兴印务有限公司
版　　次	2024 年 6 月第 1 版
印　　次	2024 年 8 月第 2 次印刷
开　　本	710 mm×1000 mm　1/16
印　　张	13
字　　数	130 千字
书　　号	ISBN 978-7-5145-2212-9
定　　价	49.80 元

（版权所有，盗版必究，举报电话：010-82259658 ）

（如发现印装质量问题，请寄本公司调换，电话：010-82259658 ）

前　言
preface

你是否也有这样的感觉，有的人仿佛天生就会赚钱，天生就过得"顺"，仿佛好运和财富总是围绕在他们的身边。有的人好像总是辛辛苦苦、忙忙碌碌，却毫无进展，一无所获。

是什么造就了人与人之间有这么大的差异呢？

本书的作者查尔斯·哈奈尔提出：人与人之间的差异是精神上的，即心智上的不同造成了人们境遇的不同。

事实上，"头脑"不仅仅是创造者，更是唯一的创造者。无论是国家还是公司，无论是科技还是通信，人们思想的发展带动了社会的进步，推动了历史的进程。故而，我们需要做的就是不断充实和更新自己的"头脑"，不断优化自己解决问题的方式与方法，不断提高自己认识世界的眼光和高度，让自己每天都进步，每天都充满正能量。

《世界上神奇的 24 堂课》共分为三个部分，从对生命的感悟出发，落实到生活与工作中的各个细节。第一部分的内容主要来自查尔斯·哈奈尔出版的《万能钥匙》；第二部分内容主要是查尔斯·哈奈尔在演讲及工作中经验的汇总；而第三部分内容则是教给我们如何高效地解决身边的问题。

精神能量是极具创造力的，它使你有能力为自己创造财富，而不是从别人的身上巧取豪夺。大自然向来不屑此举。大自然让原先只有一片叶的地方生长出一对叶片，精神力量之于人类，也是如此。

所以，当我们翻开这本书时，就仿佛打开了人类认知世界的大门，从这里，我们可以提升自身的能力，开发头脑，改变思想，获取法则；我们能够具有远见卓识，去除猜疑、消沉、恐惧、忧郁等各种消极情绪，打破局限。

是的，我们处在人类演化中十分重要的阶段，我们的身边每天都发生着重大的改变，如何跟随这些改变提升自己，在正处于觉醒前夜的世界中占有一席之地，是我们每个人都应当深刻思考的问题。

目　录
contents

第 1 堂课　用心感受自己的能量 …………… 3

第 2 堂课　成功的钥匙握在自己手里 ………… 12

第 3 堂课　态度决定高度 ……………………… 21

第 4 堂课　思想就是能量 ……………………… 29

第 5 堂课　创造想要的一切 …………………… 38

第 6 堂课　像狩猎者一样盯住目标 …………… 45

第 7 堂课　让一切都往好的方向发展 ………… 53

第 8 堂课　思想引发行动 ……………………… 62

第 9 堂课　从改变自己开始 …………………… 71

第 10 堂课　有因必有果，因果相循环 ………… 81

第 11 堂课　不要给自己设限 …………………… 88

第 12 堂课　将力量汇聚在一起 ………………… 97

第 13 堂课　没有不可能 ………………………… 104

第 14 堂课	远离负面思想	113
第 15 堂课	训练我们的洞察力	121
第 16 堂课	将你的理想视觉化	128
第 17 堂课	渴望是希望的前提	137
第 18 堂课	神奇的吸引力法则	146
第 19 堂课	不要盲目，要知己知彼	153
第 20 堂课	劳心者不劳力	160
第 21 堂课	不要限制你的想象	169
第 22 堂课	时刻更新自己	178
第 23 堂课	"舍"与"得"不分家	187
第 24 堂课	相信自己，我能行	195

世界上神奇的24堂课

有些人不怎么费力就能功成名就，财富和权力仿佛唾手可得；还有些人历经艰辛才能获得成功；而另一些人则在实现理想和抱负的过程中屡遭重创，最终被现实打败。为什么有人轻易就能成功，有人费了很大的劲才能成功，而有的人则根本无法成功呢？显然不可能是身体上的原因，要不然最强壮的人应该是这个世界上最成功的人。要知道，人与人之间的根本差别不是身体上的，而是心灵上的。

第1堂课
用心感受自己的能量

要知道，所有的力量都来自我们的内在世界，并且一定在你的掌控之中。它来自准确的认知和原则的主动实践。发现自己，提升自己，改变自己，就是实现目标的唯一方法。

有幸在此开始我们的第1堂课，希望你的生命更健康、更有活力，也希望你认识到这种能量，注意到身心健康，感受到幸福滋味，吸取其中的精神力量，直到它们能为你所拥有。到那时候，它们将和你合二为一，是根本不可能分开的。世间万物，对于那些拥有内在力量并能够控制它们的人来说，一切都是可以改变的。

你不需要去获取这种力量，因为你已经拥有了这种力量。但是，你必须去了解它，去掌握它，去运用它，去把它融入自己的生命里，这样一来，你就可以勇往直前，征服世界。

年复一年，当你动力倍增，当你慨然前行，当激情的火焰熊熊燃烧，梦想的蓝图逐渐清晰，内心的感悟逐渐增多，到那时候，你将会感觉到，世界是活生生存在的，而绝不是一堆没有生命的石块或木头。世界是人类有力跳动的心脏，是生命，是美。

显而易见，感悟是必然的，它与上面说的一切共同发生作用，而那些体会最深的人，会被新的光芒所照耀，充满无穷的力量，从而每一天都会有更强的力量和信念。你会意识到，你的希望和梦想，全部都会变为现实，对生命的理解，也比从前更加深刻、更加丰富、更加清晰。好了，让我们开始第1堂课吧。

1. 在现实生活中的每个层面上，"多者愈多"的道理始终存在；相反的，"损者愈损"的道理也是同样真实存在的。

2. 心智是具有创造性的。外在条件和客观环境，还有一切生活的际遇，全部都是我们心灵中习惯性和支配性的心态所产生的结果。

3. 我们的心态永远是由所思所想来决定的。所以，一切力量、成就和财富的核心完全在于我们的思维方式。

4. 这是真的，因为我们在"做"什么之前，要先让自己"是"什么。

我们只能"做"到我们所"是"的程度。然而我们"是"什么，完全取决于我们"想"什么。

5. 我们不能展示出自己所不具备的力量。想要拥有力量，唯一的办法就是意识到力量的存在，而要想意识到力量的存在，我们就必须知道：一切力量都来自内心。

6. 内在世界其实是一个思想的、感觉的和力量的世界，是一个光明、鲜活而且美丽的世界，尽管它无影无踪，但十分强大。

7. 内在世界一直由精神统治着。当我们发现这个世界的时候，就能够找到一切问题的答案，所有结果的原因。既然我们掌控着内在世界，那么，所有力量和财富的规律也就被我们牢牢掌握住了。

8. 内在世界映射出外在世界，正所谓相由心生。在内在世界里，可以寻找到无尽的智慧、无穷的能量、无限的供给，它能够满足我们的所有需求，并等待着你去开启、释放、发扬。如果我们了解了内在世界的潜能，那么这些潜能就会在外在世界中呈现出来。

9. 和谐的内在世界，可以通过和谐的景象、惬意的环境，还有万物的最佳状态反映到外在世界中来。这就是健康的基础，也是所有成就、力量、功绩和胜利所必需的条件。

10. 和谐的内在世界，相当于一种能力，它让我们可以控制自己的思想，让自己来决定所有的经历并加诸我们的影响。

11. 和谐的内在世界，可以带来乐观和满足；然而内在的满足，同样会带来外在的富足。

12. 内在意识的情形和境况反映在外在世界。

13. 假如我们在内在世界里得到了智慧，就可以领悟到怎样辨别隐藏在内在世界里的特殊潜能，并会获得在外在世界中显示这些潜能的能力。

14. 一旦我们了解了内在世界的智慧，我们就能够在精神上拥有这种智慧，并且在拥有了这笔精神财富之后，也就拥有了实际的智慧与力量，去体现那些为我们最充分且最和谐的发展所不可或缺的本质要素。

15. 内在世界是一个真实存在的世界。在这个世界里面，不论是男人还是女人，凡是有力量的，都会获得勇气、热情、希望、信心、信赖和信仰。凭借这些，你可以获得不凡的才智以引领梦想，获得真实的能力使得梦想成真。

16. 生命并不是一个从无到有的过程，而是一步步展开的过程。在外在世界得到的所有东西，我们在内在世界中早就已经拥有了。

17. 所有财富都是建立在认知的基础上的。得到的都是认知积累的结果，失去的就是认知耗尽的结果。

18. 精神的效果跟和谐密不可分，不和谐就意味着混乱。所以，凡是能够获得力量的人，必然能够和自然法则和谐共处。

19. 我们通过客观的心智来和外在世界相互连接。大脑是心智的器官，脊椎神经系统把身体的每一个部位紧密地联系在一起。这个神经系统用光、热、声、味等所有知觉做出反应。

20. 当我们的心智思维可以做到正确的时候，当它获得了真理，当思想通过大脑和脊椎神经系统把那些建设性的信息传递给身体的每个部位的时候，这些知觉会是和谐而且令人愉悦的。

21. 然而结果却是：我们就是通过心智，把勇气、活力以及一切富有建设性的能量注入自己的身体。然而正是这种客观存在的心智同样给我们的生活带来很多的悲伤、疾病、匮乏、局限，以及各种混乱、不和谐的因素。所以，不正确的思维方式会通过客观的心智把各种具有破坏性的力量带到我们身上。

22. 我们和内在世界的联系是通过潜意识建立起来的。太阳神经丛是心智的器官，交感神经系统操纵着各种主观感觉，比如快乐、恐惧、喜爱、感情、渴望、想象等所有潜意识现象。正是通过这种潜意识，我们才能够和宇宙精神相联结，才能和宇宙中那些无限的建设性力量搭建起联系。

23. 生命的伟大，就在于内在世界与外在世界这两大中心的协作，还有对它们各自功能的领悟。有了这个认知，我们才可以让客观心智和主观心智形成协作，从而让有限和无限得到统一。我们的未来完全掌握在自己手里，不需要听从反复无常的外部力量的摆布。

24. 所有的人都承认，只有一种法则或者意念遍及整个宇宙，充满了所有的空间，它所在的每个地方，本质上都是相同的。它是无所不知、无所不能而且无所不在的。所有意念和思想都在它里面。

25. 宇宙中有且只有一种意念可以思考，在它思考的时候，想法就会转变为客观事物。这种意念无处不在，所以也存在于每个人的心里。每个人都是这无所不知、无所不能和无所不在的意念的表现形式。

26. 正是因为宇宙中有且只有一种意念可以思考，所以引出以下结论：你的认知必须和宇宙意念是一致的，换言之，就是万念归一。这个结论是一定的。

27. 集中在你大脑细胞里的意念和集中在别人大脑细胞里的意念并没什么不同。每个人都只是世界或者宇宙精神的个体化而已。

28. 宇宙精神是潜在的或者说是静态的能量。它只是它，只能通过个体的人得以显现，然而个人也只能通过宇宙来彰显自身。这是合而为一的。

29. 每个人的思考能力，就是他作用于宇宙的能力。人的意识在于个人的思考能力。我们能够相信，心智本来是一种静态能量微妙的表现。所谓的"想法"其实就是由这种能量产生的，心智的动态阶段是想法。心智其实是静止的能量，想法则是活动的能量。心智和想法只不过是同一个事物的不同阶段而已。想法就是心智从静到动的一个转化过程中绽放出的无限生机。

30. 所有属性的总和，全部包含在宇宙精神当中，它无所不知、无所不能、无所不在。所以，这些属性在每个人身上也随时随地显现出来。因此，当一个人思考的时候，他的想法就会被它所拥有的特性推动，并且在客观世界或者外在环境中表现出来，和它的源头相互呼应。

31. 是的，所有想法都是"因"，每种境遇都是"果"。所以控制自己的想法从而产生让人满意的外部环境，这肯定是事物的本质所在。

32. 所有的力量都来自内在的世界，并且一定在你的掌控之中。它来自准确的认知和对准确原则的主动实践。

33. 很明显，如果你可以对这个法则融会贯通，掌控自己的思维进程，你就可以在任何境况下去应用它。换句话说，你可以有意识地和无所不能的宇宙法则互相协作，而这个法则就是一切事物的根基。

34. 宇宙精神是每一个客观存在的原子的生命法则；每一粒原子都持续不断地尽全力表现出更强的生命力；每一粒原子都是有智慧的，它们为什么而生，就会为什么而竭尽全力。

35. 绝大多数人都在外在世界中生活，极少数人发现了内在世界。然而，就是内在世界创造了所有的外在。所以，内在世界是拥有丰富的创造力的，你在外在世界中能看到的一切，都是由你的内在世界创造出来的。

36. 当你明白了外在世界和内在世界的联系后，这个体系会让你感受到属于自己的力量。内在世界是因，外在世界是果；如果要改变结果，就必须先从根源上改变。

37. 你马上就能看到，这是一种全新的理念，它是那么的与众不同。很多人都是尝试着通过对过程的操纵来改变结果。但是他们没有看到，这只不过是把不幸由一种形式改变成另一种形式。要想改变不和谐，我们一定要去掉它的"因"，而这个"因"只会出现在内在世界中。

38. 所有生长都源自内在。世间万物都是这样。所有动物、植物乃至人类都是这个伟大法则的见证者。而之前错误的结论，正是因为人们从外在世界中寻找力量或能量。

39. 内在世界是宇宙所有供给的源泉，外在世界则是喷涌而出的川流。我们所有接受和容纳的能力，都取决于对宇宙源泉的认识，每个个体都是这个无限能量的出口，而每个人对于其他人来说也是如此。

40. 认知是精神提升的过程，而精神行为正是个体和宇宙精神相互作用的体现。因为宇宙精神这种智慧无处不在，天地万物皆可寻，它创造了所有生命，这种精神的作用和反作用其实就是因果关系的法则，但是这个法则并不是建立在个体之上的，而是存在于宇宙精神之中。它是主观进程，并不是客观感受，它的结果也会体现在所有的境遇和经历的无穷变化之中。

41. 为了生命的释放，一定是先有意念，世间万物皆因意念而起。所有事物的存在，都是这个基本物质的一种体现，万物因此而被创造出来，并一直被再创造。

42. 人们生活在一片可形可塑、深不可测的精神实体的海洋当中。这种精神实体永远是充满生机的。它十分敏感。它是根据不同的精神需求成形的。它通过思想建造的模型或是构造的母体而得以表达。

43. 请记住：这种理念的价值只在于对它的应用上。对这个法则的实际领悟，能够让富足取代贫困，让智慧代替无知，将混乱变为和谐，使暴政化为自由。不可否认，站在物质和社会的角度上看，没有什么是比这更好的祝福了。

44. 现在，让我们真正地把它付诸实践吧：去一间没有人打扰、可以独处的房间，让身体放松，但不要懒洋洋地靠着。让你的思绪可以到达能够完美静止的地方，保持这个状态半小时。这样重复，直到你能够完全控制自己的身体。

45. 有的人做事会遇到很大的困难，也有人很轻松就能做到。想要取得进步，就必须做到完全控制自己的身体，这绝对是不可或缺的。

第 2 堂课
成功的钥匙握在自己手里

潜意识是习惯的发源地。如果我们想要获得成功、健康和财富，我们就必须让潜意识了解自己的想法，它是我们所有理想、抱负和想象的源头。这种力量每个人都有，但不是每个人都能够运用好。

我们遇到的种种困难，主要来自混乱的观念以及对自身真正的兴趣不够了解。当前最重要的是要发现自然规律，以使我们改变自己去适应它。所以，清晰的思路以及精神上的观察力具有不可估量的价值。所有的过程，也包括思维过程，全部都是建立在坚实的基础上的。

你的感觉越敏锐，品位越高雅，判断越迅速，才智越精深，道德感越强，志向越高远，现实生活中得到的满足感就越强烈也越纯粹。因此，如果对人类历史上最优秀的思想进行研究，一定会获得至高的享受。

在全新的理解之下，精神的力量、效果以及可能性，比最辉煌的成就都更加传奇。思想就是能量，积极的思想就是积极的能量，集中的思想就是集中的能量。集中在某个明确目标上的思想会转化为力量。这种力量一直被那些既不相信自怜之美也不相信贫穷但拥有美德的人所利用。他们意识到，对贫穷或者自怜的赞美，只不过是懦夫的空谈。

认识无限能量的能力决定了接收并且表现这种力量的能力，这种能量一直就保存在人的身上，不断更新和创造着人的身体和心灵，并随时准备着在必要的时候表现出来。个体在外在环境中所表现出来的东西，和他对这个真理的认识成正比。

这一堂课将会阐述了解这种力量的方法。

1. 心智的运行，是根据平行的两种行为模式而产生的：一种是显意识，另一种则是潜意识。戴维森教授说："那些希望用自己十分有限的显意识去阐述整个精神行为范畴的人，无异于想要用一支蜡烛去照亮整个宇宙。"

2. 潜意识的运行逻辑是准确而且有序的，绝不会出现错误。人们的心智就像一件精心设计的作品，它给我们准备了最为重要的认知基础，而我们却理解不了它的运行方式。

3.灵魂的潜意识，就像一位素不相识的慈善家，悄无声息地为我们付出，满足我们的需求，用成熟饱满的浆果喂养我们，浇灌我们。对思想过程的最终分解表明，潜意识是最重要的精神现象做出的表演。

4.莎士比亚正是通过潜意识，不费吹灰之力就领会了最伟大的真理。然而这个真理就隐藏在一个普通人的显意识之中。通过潜意识，菲狄亚斯创作出了大理石雕塑，拉斐尔完成了圣母像，贝多芬谱出了交响乐。

5.当我们不再依靠自己的显意识，那我们做事情就能够尽善尽美、从容不迫。弹钢琴、滑冰、打字、老练的商业行为等所有完美的技巧，全部取决于潜意识过程。一边在钢琴上弹奏美妙的乐章，一边和别人风趣地交谈，这种情况完全体现了潜意识神奇的力量。

6.我们都明白自己会依赖潜意识。我们内心的思想越是高贵、伟大和卓越，就能越清楚地认识到，它的源头就隐藏在我们所见之处。我们发现，造物主给予我们在艺术、音乐等方面的本能、技巧，其源头都在我们的潜意识里。

7.潜意识的价值是无穷无尽的。它激励着我们每一个人，同时警示着我们，它从记忆的仓库里为我们提取姓名、场景和事件，引导我们的思想和品味，帮助我们完成非常复杂的任务。

8.我们可以随意走动，也可以振臂高呼，还可以任意地用眼睛去看，用耳朵去听。但是，我们不能让自己的心脏停止跳动，让自己的血液停止循环，也不能阻止身体的生长，或者是阻碍神经和肌肉组织的形成，以及其他各种生理机能的恢复。

9. 如果我们把这两种行为拿来比较，一种是听从当下的意愿发起行动，另一种则是宏伟庄严、毫不动摇、持续不变、有条不紊地进行；那么，我们一定会对后者肃然起敬，并想办法去理解其中的奥秘。我们立刻就会明白，这些就是肉体生命的一个过程，不能回避这样的结论。那就是，这些尤为重要的功能从它被创造开始就不受我们外在意愿的控制，不被各种纷扰波动所影响，它从始至终被置于我们可靠而永恒的内在力量的控制之下。

10. 在这两种力量之中，外在可变的能量被叫作"显意识"或者"客观意识"，内在的能量被叫作"潜意识"或者"主观意识"。后者能够在精神层面上发挥作用，并保证人的生命功能有序地进行。

11. 我们非常有必要仔细地观察它们在精神层面上的各项功能，还有各自运行的基本规则。其中，显意识通过人的五种感观对生命外在的实体及其现象产生作用。

12. 显意识拥有鉴别观察的功能，同时它还负有选择的责任。它拥有推理的能力，包括归纳、推论、分析、演绎等，这种能力能够被开发到很高的程度。它是由意志释放出的一切能量的源头。

13. 显意识不但可以对其他的精神活动产生影响，还能够引领潜意识的活动。从这个方面来说，显意识相当于潜意识的监护人和统治者，它对潜意识负责。正是这样高级的功能，使它能够彻底改变你的生活境况。

14. 通常情况是这样的，因为潜意识不会设防，在接受了错误暗示的时候，害怕、焦虑、贫乏、疾病、冲突等就会来到我们身边。面对这些，训练有素的显意识就能够把它们拒之门外，从而保护我们。所以，显意识可以被当作潜意识重要领地的门卫。

15. 曾经有一位作家这样描述两种心智状态的主要区别："潜意识是本能的欲望，是过去推理意志的结果。而显意识是推理的意志。"

16. 潜意识可以从外界提供的前提当中演绎出正确的推理。前提是正确的，潜意识就能够得出正确无误的结论；相反，如果前提是错误的，整个结构就会垮掉。证明的过程潜意识是不会参加的。想要防止错误信息的入侵，需要依靠它——显意识。

17. 潜意识把所有接收到的信息都看成正确的，紧接着它会马上在这个基础上进行处理，开始它巨大的工程。显意识所提供的暗示，有可能是正确的，也有可能是错误的。如果是错误的，整个生命都有可能面临巨大的危险。

18. 显意识的"责任"是让我们时刻保持警醒。当门卫脱离了岗位，或者判断失误，当显意识在复杂混乱的环境下丢掉了自己的判断力，那么，潜意识就会变得不受控制，各种暗示就会乘虚而入。

在惊慌失措的时候，在不负责任的乌合之众的怂恿之下，在怒发冲冠时，或是受到了其他刺激的时候，情况就会变得非常危险了。此刻，潜意识就会向恐惧、自私、怨恨、贪婪、消沉等来自外部环境或者身边人的负面情绪敞开大门。结果一般都是非常不健康的，会给人带来很长时间的悲观情绪。所以，保护潜意识领域不受错误信息的侵害尤为重要。

19. 潜意识是通过直觉来感知的。这个过程转瞬即逝，它不会等着显意识慢慢推理，实际上它根本不会用上这些推理。

20. 潜意识从来不会休息，就好像你我的心脏或者血液一样。现已知道，只要给潜意识简单表述它需要完成的那些事项，实现这个要求的力量就开始产生作用。这就是把伟大的自然力量和我们联系起来的能量源泉。最值得我们潜心研究的深层原则，就在这之中。

21. 这个法则的运作非常有趣。那些把它付诸实践的人总能发现，他们在和别人见面前，可能会预想这是一次困难的见面，一件发生在他们身边的事情会打消掉假想的分歧，最后一切都发生了改变，变得融洽和谐了。在面对商业上出现的难题时，他们发现自己可以掌控局面，顺利渡过难关，找出合理的解决方案。总之，一切都可以处理得很好。实际上，那些懂得信任潜意识的人，都可以找到能够让自己支配的无限资源。

22. 潜意识是我们的理想抱负和内心准则的源头。是我们的利他思想和审美趣味的根源。如果内在准则被一步一步地破坏，美感和利他的本能立刻就会不复存在。

23. 潜意识是不会争辩驳难的。如果它受到了错误的指示，克服这些指示最有效的办法，就是利用极强的相反指示，一直重复，让潜意识接受它们，最终会形成新的、健康的思维方式和生活习惯，因为潜意识就是习惯的发源地。我们不停地重复做一件事，就让它变成了机械性的活动。它不需要再依靠判断力来采取行动，而是产生了潜意识的固定模式。

如果是正确的、健康的习惯，那对我们是有利的。如果是错误的、有害的习惯，改变的方法就是认识潜意识无限的能量，并且提醒它眼下的自由。富有创造性的潜意识，和我们内在的力量源泉结合起来，马上就能够创造出我们想要的那种自由。

24. 从物质的层面讲，潜意识的正常功能就是保持生命正常的运转，保持生命、延续健康、照顾后代，包括想要保护所有生命、提升整体环境的内在本能。

25. 从精神层面来说，潜意识是记忆的储藏室；它就像港湾，保护着奇妙而伟大的思想旅客，让他们的劳动不受时间和空间的限制；它是生命中实现建设性和主动性力量的源头，是习惯的源泉。

26. 从心灵层面来说，潜意识就是理想和抱负的源泉，是了解我们伟大本源的通道，对内在力量源泉的理解，取决于我们对这个伟大本源的认知。

27. 有些人也许会问："潜意识是怎样改变环境的呢？"答案是这样的："因为潜意识是宇宙精神的一部分，整体和部分是有共同之处的，差别就在量上。我们知道，宇宙精神的整体，是富有创造性的，而心智唯一的活动方式是思想，所以，思想一定也是富有创造力的。"

28. 但是我们可能会发现，简单的思维和系统的、建设性的引导思维之间，存在着巨大的差异。当我们这样引导思维的时候，我们就和宇宙精神形成了统一，就和无限步调一致了，也能够使用现有最强大的力量，那就是宇宙精神的创造力。这和其他事物是一样的，受自然法则的控制，这个法则可以称为"吸引力法则"。这个法则是："精神是富有创造力的，它会自动和其客体产生联系，并在客体中显现出来。"

29. 上一堂课我让你做的那个练习，其目的在于获得对身体的控制。如果你现在已经实现了目标，你就能够开始准备下一步了。这次你要学着控制自己的思想。如果可以的话，最好是在相同的房间、在同一个位置的同一把椅子上。有时候一直在同一个房间可能不现实，如果不方便的话，那就视情况而定，只要尽可能利用可以利用的条件就行。现在，像上次那样进入完全安静的状态，你要约束所有思想，这样会帮助你控制所有恐惧和焦虑的念头，让你学会只保留那些想要保留的想法。坚持训练，直到你可以完全掌握为止。

30. 做这样的练习，可能每次不会坚持太长时间。但是这个练习是非常有意义的,它能够切实有效地证明,到底有多少意念里的不速之客一直想要闯进你的精神世界。

31. 在下堂新课中,你会接触到一个更加有意思的训练,但是在这之前,掌握这堂课的训练是不可或缺的。因和果在思想领域就和用肉眼看见的物质世界是一样的,关系稳定,不会偏移。精神就像是聪明的织女,同时纺织出内在性格和外部环境的衣裳。

第 3 堂课
态度决定高度

大脑对待生活的态度，决定着我们的生活境遇。你已经了解到人是可以作用于宇宙的，这种作用与反作用的结果就是因与果的关系。因此，思想就是因，而你在生活中遇到的所有经历，就是果。

既然这样，就不要再抱怨那些过去或是现在的境遇了吧！因为这一切都取决于你自己，取决于你可不可以把环境改变成你所希望的样子。

尽力去开发精神能源吧，把它们实现在现实世界之中，它们会服从于你，所有真实的、长久的能力，都来源于此。坚持这个尝试，直到你看到这样的情况：只要你了解了你的潜能，坚定不移地向着那个目标努力，你在生命中所有的努力都不会白费，因为精神力量每时每刻都可以向坚定的意愿伸出援助之手，帮助你把想法和愿望变成明确的行动、条件和事件。刚开始的时候，生命中的所有功能和行动，还都只是显意识的结果。但是习惯会慢慢变成自然，那些起到支配作用的想法渐渐进入潜意识的领域，然而它们依旧是充满智慧的。我们必须把它们变成自发的意识，也就是潜意识，这样就能够把我们的自我意识完全解放出来，让它能关注其他事情。在新的回合中，这些新的行动又逐渐变为自然的习惯，接着成为潜意识，这样一来，我们的心智就能够再一次从这个细节里解放出来，进一步投入到其他的活动当中。

当你能够实现这些，你就寻找到了力量的源泉，它可以让你完全得心应手地应付生活中产生的各种情况。

1.潜意识和显意识的所有互动也在神经系统中有对应的反应。特罗沃德法官提出了影响这种交互作用的方法。他说："大脑和脊椎系统是显意识的发生器官，而交感神经系统则是潜意识的发生器官。大脑和脊椎系统是我们通过感官接收意识传输的通道，并且可以控制整个身体的动作。大脑和脊椎系统的中枢存在于脑部。"

2.交感神经系统同样有一个中枢，它是一个神经丛，名叫太阳神经丛，在胃的后部，是精神行为的通道，然而就是这种精神行为，在潜意识里维持着整个身体的各项机能。

3. 以上两个系统之间的联系，是通过"迷走神经"来建立的。迷走神经是从脑部延伸出来的，作为大脑和脊椎系统的一部分，一直到胸腔，它的分支分布在心脏和肺部，最后穿过横膈膜，褪去表层组织，和交感神经结合起来，这样就形成了两个系统的联结，使得人能够成为物质上的"单一实体"。

4. 我们知道，所有的想法都是由大脑来接收的，大脑是显意识的器官；它由我们的推理能力来指挥。当客观想法被视作正确的，就会被发送到太阳神经丛，或者是主观意识当中，形成我们生命中的一部分，然后再作为事实向外界传递。当来到主观意识以后，这些想法就对辩论推理形成了免疫力，不再被它影响。因此，潜意识只是执行，不可以进行推理。它能够把客观想法的结论全盘接收。

5. 太阳神经丛相当于身体的太阳，因为它是发散能量的中枢机构，负责把身体产生的能量源源不断地传递出去。这种能量是极其真实的正能量，这颗太阳也是特别真实的太阳。它所传递出来的能量被神经传送到身体的每一个部位，并且在围绕身体的大气中散播开来。

6. 如果这种辐射特别强大，这个人身上的吸引力就会特别强，人们就会觉得他身上富有人格魅力。这样的人会给身边的人带来积极的能量。他的出现，可以给那些和他接触的人带来安慰，让他们得到好的结果。

7. 当太阳神经丛表现活跃，发散出很强生命力的时候，身体每个部分的能量就都被激发出来了，这种激发的能量能够传递给每一个和他接触的人。它能够让人保持心情愉悦，展现出充满健康与活力的生命，让每一个在他身边的人都能有特别美好的感觉。

8. 如果这种辐射被别人干扰，给人的感觉就是憎恶而不是美好，通向身体所有部位的能量和生命就会停止，这就是人类精神和肉体上受到各种困扰还有种族之间出现各种问题的原因所在。

9. 人们身体上出现问题，是因为身体不能把足够的能量向外发散。精神上的困扰是因为显意识需要依靠潜意识提供思维的能量；但是环境上的困扰是因为潜意识和宇宙精神的关联被破坏了。

10. 所以，太阳神经丛是整体和部分的交会点，在这个点上，有限转变成无限，寂灭转变成创造，宇宙转变成个体，无形转变成有形。太阳神经丛是生命表现的交点，生命拥有无限的数量，个体能够从这个太阳的中心被孕育出来。

11. 没有什么是这个能量的中心做不到的，因为它是全部智慧和所有生命的集合点。因此，它可以完成所有应该完成的，这里隐藏着显意识的能量；潜意识可以将显意识交付给它的所有使命完成，并且潜意识必须执行。

12. 显意识就是思想，操纵着这个太阳中枢。机体的所有能量和生命，都是通过这个太阳中心向外散发的。而我们所拥有的想法，其质量决定了通过这个太阳发散出来的思维的好坏。我们的显意识拥有的想法，其特性决定了这个太阳辐射出的思维的特性，其品格决定了这个太阳辐射出的思维的品格，从而决定了不同人的不同人生际遇。

13. 所以，很明显，我们需要做的一切，就是让我们心中的光亮照耀四方。我们辐射出的能量越多，我们就能够越快地把让人感到不快的事情改变成让人快乐、受益的源泉。下面，最重要的问题就是，怎样让内心的发光体散发出光芒，怎样产生这种能量呢？

14. 实际上，不反抗的思想会让太阳神经丛不停扩张，反抗的思想会让这颗太阳失去颜色。好的念头能让太阳神经丛扩散，不好的念头也会削弱它的光芒。多想一想勇气、信心和希望，这些都能够形成相应的状态。而对太阳神经丛影响最大的就是恐惧，我们一定要彻底战胜它，才能够让太阳的光芒照耀四方。一定要彻底打败并消灭这个敌人，把它永远地驱逐出境。这个敌人是遮住太阳的阴霾，是它让太阳的光芒黯然失色。

15. 就是这个现实的恶魔，让人恐惧过去、恐惧现在、恐惧未来；让人恐惧自己、恐惧好友，也恐惧敌人；恐惧每一个人和每一件事。当恐惧被完全有效地清除，你的太阳就会发光，阴霾也会散开，你就可以找到生命、力量和活力的源头。

16. 当你发现自己已经拥有无穷的力量时，当你通过实践验证了自己完全可以借助思想的力量战胜所有的不利因素，从而明确地认识到这种力量的时候，你就不会再恐惧了。到那个时候，恐惧将会完全消散，你就拥有了你与生俱来的权利。

17. 我们的生活境遇取决于我们头脑中是怎样对待生活的。如果我们对生活不抱希望，我们就会一无所有；如果我们抱有希望，我们将会得到更多。如果有一天我们不能坚持自己的权利，世界就会变得苛刻。那些不能为自己的思想谋求容身之地的人，对他们来说世界会变得冷酷无情。正是因为存在畏惧的心态，才让很多思想深埋心里，终日不见天日。

18. 相反，那些了解自己拥有一颗太阳的人，将会变得毫不畏惧任何东西；他们急着向外界辐射自己拥有的信心、勇气和力量；他们的心态期待着他们的成功；他们会把障碍逐一清除，并且跨过那些摆放在他们面前的怀疑和犹豫的鸿沟。

19. 只要认识到自己可以自觉地向外发散健康、力量和和谐的能量，我们也就能知道：没有什么可害怕的，因为我们拥有无限的力量。

20. 只有把这个知识付诸实际行动，才能真正地获得这样的认识。我们必须通过"做"来学习，运动员也是经过长期实践才变得更加强大的。

21. 由于下面的论述非常重要，我会用不同的方式去表述，这样你们就不会忽略它的意义了。如果你有宗教信仰，我可以告诉你，你能够让自己的太阳发光；如果你对物质科学有浓厚的兴趣，我会说，你可以激发你的太阳丛；如果你更喜爱严谨的科学阐释，我要告诉你，你可以让自己的潜意识发挥功效。

22. 你已经知道了，潜意识具有丰富的智慧和创造力，它们可以对显意识和意愿做出强有力的回应。那么，想要让你的潜意识发挥出你所希望的功效，最简便的办法又是什么呢？那就是在内心里重视你所希望的目标；当你真正地集中内心的关注点时，你就已经慢慢开始使用潜意识了。

23. 这并不是唯一的办法，但却是一个十分有效的办法，也是最简单直接的办法，所以也是可以获得最好效果的办法。这种办法所产生的效果是非常惊人的，以至于很多人都会认为：奇迹就这样实现了？

24. 每一位伟大的发明家、企业家、政治家和金融家都是借助这种方法，才能把那些微妙而不可见的信心、信念和渴望的力量，转变为客观世界中具体、有形、实际的事实。

25. 潜意识就是宇宙精神的一部分。宇宙精神是宇宙万物的创造原理。作为宇宙精神的一部分，潜意识和整体的宇宙精神是互相协调统一的。这就说明创造性能量是无穷无尽的，它不被任何先例所约束，所以也就没有任何示范可以供它建设。

26. 我们知道，我们的潜意识会对显意识意愿做出回应，这表示宇宙精神无穷的创造性能量被人类个体的显意识牢牢掌握。

27. 在后面的课程中，我们将会把这个准则付诸实践。现在我们最好记住，不需要忙着概括潜意识能够实现你需要的结果的方法。无限的能力不需要有限的能力指导它怎么做。你只需要简简单单地说出你的内心所想，而不是你要怎样去实现它。

28. 你是和宇宙沟通的渠道，一片混乱的宇宙在你身上得到分化，我们需要通过占有来实现这种分化。你只需要给你想要的结果加上"因"的动能，就可以一路驰骋了。这个结果，宇宙必须通过个体来实现，然而个体也只能通过宇宙得以实现，两者是合而为一的。

29. 在这堂课的练习中，我要让你再进一步。我希望你不但可以完全沉静下来，尽最大可能拉紧思想的缰绳，还要让自己放松下来，让肌肉一直在正常的状态下。这会从精神之中赶走所有的压力，驱散那些会导致肉体疲劳的紧张状态。

30. 放松身体是一个自主的意志练习，这个练习会对你产生很大的益处，因为它可以让血液在身体里畅通无阻。

31. 紧张会导致精神活动变得反常而又动荡不安，它产生恐惧、担忧、牵挂和焦虑。所以放松是很有必要的，它能够使精神随意地释放与游走。

32. 你要尽力完全彻底地进行这个练习，让精神做出决定。放松自己的每一根神经和每一块肌肉，直到你感觉到宁静与从容，身体和世界相互协调为止。

33. 从此，太阳神经丛就要开始工作了，其结果将会让你大吃一惊。

第4堂课
思想就是能量

如果你不准备做一件事情，那就不用开始；如果已经开始了，不论发生什么事情都要把它完成。如果你决定做一件事，那就马上行动；不能被任何人或者任何事情干扰。现在我要告诉你们第4堂课的内容。在这里，你将会知道为什么你的想法、做法和感受可以代表你是一个怎样的人。

能量就是思想，思想就是能量，但是由于世界所熟知的宗教、科学以及哲学都不是能量本身，而只是能量的表现，能量因此被误解甚至忽视了，世界就只剩下了果。

所以，就有了宗教上的神与鬼，有了哲学上的善与恶，有了科学上的正与负。自我却朝着相反的方向，它只关注"因"的方面，我收到的很多学生的来信都让我大吃一惊。这些信件表明，学生们越来越关注那些可以让自己掌握和谐、健康、富有以及关乎他们福祉和快乐的事物。

生命的意义就是表达，和谐而且富有建设性地表达自己，是我们应该做的事。痛苦、悲伤、疾病、不幸和贫穷，也不是必不可少，我们应该努力让它们消失。

然而，消除这些不好因素的过程，需要高于甚至超越种种限制。一个思想得到强化和净化的人不需要再担心被细菌侵扰，一个学会了财富法则的人一下子就能看到供给的水源。因此，不论是幸运还是厄运，都会在自己的掌握之中，就像船长驾驶船舰，又像是火车司机开动火车一样简单。

1. 你的"自我"指的并不是身体，身体只不过是"自我"用来执行任务的工具罢了；"自我"也不是心智，因为心智是"自我"用来思考、谋划、推理的另一个工具。

2. "自我"一定是某种可以控制并且引导心智和身体的事物，一种可以决定心智和身体的事物；一种可以决定心智和身体怎样去做、如何去做的事物。当你认识了"自我"的真实物质，你就会感受到前所未有的力量感。

3. 你的整个人格是由无数个人特点、习惯、癖好以及性格特征组成的。这些都是你之前思维方式的产物，它们和你平时的"自我"并没有真正的关联。

4.当你说"我认为"的时候,"自我"就会告诉心智应该怎样认为;当你说"我去"的时候,"自我"就会告诉身体要朝着哪个方向行动。这个"自我"的实际本质就是精神上的本质,这种本质是所有力量的源泉,当我们开始慢慢认识其真实本质的时候,这种力量就会出现在我们身上。

5."自我"被赋予的最神奇、最伟大的力量,就是思想的力量,然而很少有人知道什么是正确的并且具有建设性的思考,所以人们最后会得到很多不同的结果。大部分人允准他们的思想存在自私的一面,这就是幼稚的心智带来的结果。当我们的心智逐渐成熟时,就会明白:失败的萌芽,就隐藏在每一个自私的想法当中。

6.接受过训练的大脑会知道,做每件事情,一定要让每一个和这件事有关的人可以从中受益,任何一种想要利用别人的软弱无知而让自己获得利益的举动,都会不可避免地导致自己受到伤害。

7.个体是宇宙的一部分。同一个整体的两个部分之间不可以互相敌对,相反,任何幸福都是建立在对整体利益认识的基础之上的。

8.那些明白这个原理的人,在生活中会拥有非常大的优势。他们不会让自己筋疲力尽,他们可以快速地去除一些不确定的想法,他们可以轻而易举地把绝大部分的注意力集中到一件事情上,他们不会在没有意义的目标上浪费时间和精力。

9. 如果你不能做到这些，说明你到现在为止还没有真正开始努力。现在是时候了，努力吧！一分耕耘，一分收获。为了磨炼你的意志、增强你的力量，你可以试试这样一句强有力的口号："我想要成为什么样的人，就一定会成为什么样的人。"

10. 当你每一次重复这句话，都应该明确地知道这句话里的"我"到底是谁，是什么；尝试去理解"自我"属性真正的内涵；如果你能够做到，如果你的意图和目标是富有建设性的，并且和宇宙创造万物的原理相互统一的话，你一定会无往而不胜。

11. 如果你相信这句口号，那就一直不停地去使用它，无论白天黑夜，只要你想到这句话，就立刻重复一遍，坚持下去，直到它成为一种习惯，成为你生命的一部分。

12. 如果不想这样做，倒不如一开始就不做，因为当代心理学告诉我们，当我们开始做一件事但是不能完成，或者是做了某个决定却没能坚持，我们就养成了失败的习惯。彻头彻尾的失败……如果你不准备做一件事情，那就不用开始；如果已经开始了，不论发生什么事情都要把它做成。如果你决定做一件事，那就马上行动，不能受任何人或者任何事的干扰。你身上的"自我"已经做出了决定，事情已成既定的事实，就像已经掷出去的骰子，没有任何回旋的余地。

13. 如果你接受了这个意见，那就从小事开始做起，从那些你可以掌控并不断为之努力的事情开始，但是不论在什么情况下，都不要允许你的"自我"被推翻，你会发现你最终是可以战胜自己的。要知道，这世上许许多多的人都曾悲观地发现，战胜自己，有时候比战胜一个国家还要困难。

14. 当你能够战胜自己的时候，你会发现你的内在世界已经征服了外在世界；你将会战无不胜；身边的人和事都会对你的所有愿望做出回应，而你在这方面，却已经不需要再努力了。

15. 这个情形的出现，并非天方夜谭。你只要记住："自我"掌管着"内在世界"，然而这个"自我"就是那个"无限之我"的一部分，这个"无限之我"就是宇宙精神或者宇宙能量，人们一般叫它"上帝"。

16. 这些并不只是为了验证或树立某种观点所提出的一种理论或者陈述，其实是一种被科学理念和最优秀的宗教思想所接纳的事实。

17. 赫伯特·斯彭德曾说："我们身边发生的所有奇迹里，最让人相信的是：我们一直身处在创造万物的永恒能量当中。"

18. 班戈神学研究院毕业典礼上，莱曼·艾博特在致辞中提道："我们需要思考的上帝，是那个存在于人们内心中的上帝，而不是那个从外部控制人类的上帝。"

19. 科学只在探索的道路上向前迈了一小步，就停滞不前了。科学发现了永恒的、不会消失的能量，但是宗教却发现了隐藏在这些能量背后的力量，并且把它保存在人们的内心里。但这绝对不是新的发现；这一点在《圣经》中早就言之凿凿，让人信服："岂不知你们是神的殿，神的灵住在你们里面吗？"这就是"内在世界"的神奇创造力的秘密所在。

20. 这个就是力量的秘密之所在，也是控制力的秘密之所在。战胜一切并不代表着目中无物。克己忘我不等于成功。无所取，何以予？如果我们软弱无力，也就不能帮助别人。无限代表着永远不能破产，然而我们身为无限能量的代言人，自然也不能够以破产的面目出现。如果我们想要去帮助其他人，我们自己首先要拥有能量，而且越多越好。当然，想要得到能量，必须先付出能量，必须去帮助他人。

21. 我们给予的越多，得到的也就越多。我们应该成为宇宙传递活力的通道。宇宙处在不断需要释放的永恒状态之下，处于帮助别人的永恒状态之中，所以它一直在寻找能够让自己释放的通道，这样才能做更多的好事，能够给人类提供更大的帮助。

22. 如果你一直纠结自己的人生目标和计划，宇宙就没办法通过你传递能量。你要让全部的感觉安静下来，寻找内心的渴望，把精力全部聚焦在内心世界之中，和伟大的自然力量相融合，接受这种认知。密切关注所有机遇，找出宇宙能量给予你的精神通道。

23. 把场景、事件、条件在脑海中生成画面，这些可能是精神通道帮你生成的。要知道世间万物的精华，全部在于它的精神，精神是生命的全部，所以它是真实存在的；当精神不复存在的时候，生命之火也会熄灭。

24. 这些精神活动是存在于内在世界的，属于"因"的世界；而所有环境和境况都是"果"，是由内在世界产生的。就因为这样，你才是创造者。你所构想的理想越高贵、越宏伟、越崇高，这项工作就会变得越重大。

25. 不论是劳动还是玩耍，只要你过度进行身体活动，不管什么性质，都会产生精神倦怠，让它停滞不前，这样一来那些更重要的有意识力量的工作就不能再进行了。所以我们应该主动寻求适时的"寂静"。力量会通过休息得到恢复；在"寂静"中我们才能够得到安宁，当我们安宁下来时，我们才可以思考，而思考正是所有成就的奥秘。

26. 思考是一种运动方式，遵循着与电波或光波相同的共振原理。它遵循着爱的规律，拥有着振动的活力；它在增长规律下成形和释放；它具有神圣的、精神的、创造性的本质，同时是自我的产物。

27. 由此可见，很明显，为了释放能量、财富或者实现别的富有创造性的想法，首先一定要唤醒内心的激情，激情能够让思考成形。那么，怎样实现这个目的呢？这一点极为关键。我们到底应该怎么做，来发展可以让我们有所成就的勇气、信念和知觉呢？

28. 答案是：通过锻炼。获得精神力量和身体力量是一样的，都是通过锻炼达成的。我们思考一件事情，可能第一次思考的时候非常困难，当我们第二次思考同一个问题时，就容易多了；当我们一遍又一遍反反复复地思考时，就变成了一种精神习惯。我们坚持思考同一件事情，最终这种思考就成为自发性的了，我们会不由自主地思考这件事情，直到对所思考的事持积极的态度，再没有任何疑问了。我们深知，我们确信。

29. 上一堂课我告诉你要学会放松身体，这堂课我要让你学会放松精神。如果你完成了我上一堂课布置的练习，按照我说的去做，每天坚持十五到二十分钟，我敢肯定你做到了身体上的放松。那些还不能完全放松下来的人，现在还不能做自己的主人——他还没有获得自由，或者说依旧受着外在条件的限制。但是我现在假设你已经完全掌握了上一堂课的练习，可以开始下一步的精神放松了。

30. 这一堂课，仍然采取之前的姿势，彻彻底底地放松，除去所有的紧张，然后集中精神，让所有的不利因素离你而去，比如愤怒、焦虑、憎恨、嫉妒、羡慕、悲痛、忧愁、失望等消极情绪。

31. 你也许会说，让这些东西全部离你而去很困难，但事实上，你是可以做到的！只要你在精神上下定决心，主动自觉地坚持下去，你就一定可以做到。

32. 有些人的确做不到，其原因是他们不是被智慧左右的，而是被自己的感情左右的。而那些被自己的智慧所引领的人必将赢得胜利。可能你的第一次尝试并不成功，但是希望你不要放弃，相信自己不论是做这件事情，还是做别的事情，都会越做越好。不仅如此，你还必须坚持下去，彻底驱除、摧毁心中所有的负面想法。因为这些想法，就是你心底里持续不断地产生种种可以形容或者不能形容的不和谐因素的种子。我们心里的思想和外在世界关系密切，这是再真实不过的事情。这是没有例外的法则，就是这个法则，就是这种观念和其客体之间的关系，使得人们相信从古至今都存在着特殊关联。

第 5 堂课

创造想要的一切

我们更多的付出，就会换来更多的收获。一个运动员想要让身体变得强壮，他就会花费更多的精力去锻炼，练得越刻苦，身体就会越强壮。一个金融家希望不断累积财富，那就必须投资大量的金钱，这样钱财才会给他带来更多回报。

现在开始第5堂课。学完这一课后，你将会发现，每一个想得到的物体、力量或者事实，都是心智在行动中发挥作用而产生的结果。心智在行动中产生作用，就形成了思想。思想是富有创造力的。现在人们的所思所想和以前的时代已经截然不同了。所以，这个时代是具有创造力的时代，世界正在把最丰厚的奖励给予那些有思想的人。物质是消极无力而且没有生命的。精神则是强大有力并且充满能量的。精神塑造了物质并掌控着它们。所有成形的物质都只不过是现在思想的表达。

然而，思想并不会魔法。它的运行完全遵循自然的法则。它推动着自然能力；它也释放自然能量。思想体现在你的所作所为中，这一切又会在你相识的人和你的朋友中间产生作用，最后影响你的整个生存环境。你可以创造思想，不仅如此，因为这创造性思想的缘故，你还可以创造一切你想要的东西。

1. 在我们的精神生活中，最少有百分之九十是潜意识，所以对那些不能很好利用这些精神能量的人来说，他们的生命就会受到非常大的局限。

2. 潜意识可以为我们解决所有问题，只要我们正确引导它。潜意识过程一直处于工作状态。仅有的问题就是，我们是被动且单一地接受这个行为过程呢，还是要有意识地指挥它运行？我们是应该预见未来的命运，避免即将到来的危险，还是放任不管，顺其自然呢？

3. 我们知道，精神存在于身体的每个角落，很容易被误导或是受影响。而误导或影响的指令很有可能会来自客体，或者是发自于在心智中占据主导地位的观念态度。

4. 渗透在身体里的精神，在一定程度上是遗传的结果。相对的，这种遗传又是一代又一代人在面对所有遭遇时所做出的反应而凝结出生命力量的结果。理解了这个事实，我们发现自己正显露出让人不快的性格特点时，可以让我们的权威力量派上用场。

5. 我们可以有意识地发扬自己与生俱来让人满意的性格特点，与此同时，也可以压抑或拒绝让人不满的性格特征。

6. 渗透在我们身体里的精神意志就不再是遗传趋势的结果了，而是事业、家庭、社会环境带来的结果，这些情境中有不计其数的意见、观念和思想影响着我们，有数不清的事情给我们留下印记。其中，有很多是来自别人的意见或者建议；也有许多来自我们自己的思考，但当所有意见都被接受的时候，几乎没有经过考虑或检查。

7. 这种想法听上去有些道理，会被我们的意识接纳，把它们传递给潜意识，之后这些又被交感神经系统吸收，传递到我们身体的成长之中。这就是所谓的"道成肉身"。

8. 这就是我们从始至终创造并且再生自己的方式。现在的我是往日我们思考的产物，而明天的我也会按照我们今天的思考方式塑造自身，这个就是吸引力法则在我们身上的体现。它带来的不是我们喜欢的，也不是我们想要的或者是别人所有的，而是把我们的"自身"奉献给自己。我们的"自身"，是我们思想的产物，不论是有意还是无意，但是很不幸，我们中的大部分人都只是在无意当中创造了我们自身。

9. 我们当中的任何人，想要给自己建造房子的时候，会变得小心谨慎并且缜密筹划,他会认真关注每一个细节,细心甄别所用的材料,挑选最好的物品。然而,当我们为自己建立精神家园的时候,却是那么的漫不经心。要知道,精神家园可比物质家园重要得多。因为,用来建造精神家园的材料品质如何,决定着我们生命任何一部分的任何一件事物。

10. 那么材料的品质是什么呢?它是我们以往积累并储存在潜意识心理中所有印象的结果。如果这些印象是烦恼、忧愁、恐惧或焦虑,如果它们全部都是消极的、负面的和怀疑的,那么,我们今天所用来建造精神家园的这些材料,它们的质地也会是负面的。这样的精神家园不但没有什么价值,反而会让我们的生活变得腐烂发霉,带来更多的忧愁怨恨和撕心裂肺。我们只能一直忙于修补,至少让它看上去还像模像样。

11. 相反,如果我们储存的是勇敢的想法,一直保持积极向上、乐观开朗,用最快的速度丢弃刚刚露头的负面想法,拒绝和它发生任何关联,拒绝通过任何形式和它同流合污,那么,会产生什么结果呢?我们的精神材料就是首选;我们就可以用它们制造我们想要的任何材质;我们可以挑选我们想要的颜色;我们的精神家园变得安然稳固,永不褪色;我们对未来不再恐惧和焦虑;没有什么漏洞需要我们费尽心力地去修补。

12. 这些思想过程,从心理学的角度上看都是事实,没有猜测或理论的成分,也没有什么秘密可言。实际上,这些道理是那么简单,以至于每个人都能够理解。需要做的就是打扫我们的精神家园,每天更新,让房屋保持整洁。精神、道德以及肉体的洁净对我们的进步来说，绝对是必不可少的。

13. 只要我们给精神房屋完成了清洁工作，就能够用剩余的材料来打造那些我们希望实现的理想或是精神愿景。

14. 有一处美地良田等着我们去认领。广阔的田野、茂盛的庄稼、奔流的河水，还有上好的木材，目之所及，一望无垠。有一座华丽的大厦等待着我们接收，里面有珍贵的画作、华丽的幔帐、丰富的书籍，非常奢华舒适。财产继承人唯一需要做的，就是立刻表明自己的继承权，占有并且使用这些财产。他一定要使用，不能让家园荒废。这是可以让他拥有这些财产的唯一办法。如果让这个家园荒废无用，则视为他自动放弃所有权。

15. 在精神和心灵的领域，在实际能量领地中，确实拥有这样一处房子。你就是继承人！你可以表明自己的继承权，占有并使用这些丰富的遗产。掌握环境的力量，就是它的产出之一。和谐、健康和兴旺，就是资产负债表里的净资产。它给你带来了和谐与安详。你需要付出的就只有辛劳的汗水。不需要别的，失去的也只有你的局限、软弱以及被奴役的状态。它为你穿上自尊的锦袍，把权杖交到你的手中。

16. 要想获得这笔不动产，有三个步骤是不可或缺的：必须表明你的权利；必须真诚地渴望它；必须占有它。

17. 你必须承认，这些条件并不难达到。

18. 你们肯定对遗传学特别熟悉。达尔文、海克尔、赫胥黎还有其他生物学家收集了大量的证据，表明在进化过程中，遗传法则占据重要地位。正是进化论中的遗传，使人类能够直立行走，赋予人类运动能力、血液循环、神经系统、消化器官、骨骼结构、肌肉力量等。还有另外一些更加令人吃惊的事实，就是精神力量的遗传。这一切相加才叫作人类遗传。

19. 有这样一种遗传是生物学家们不曾包括在内的。这种遗传比他们研究的都要深奥，他们完全跟不上它的脚步。他们无奈地举起双臂，认为他们不能解释自己所见的一切，所以，对这种非凡的遗传来说，他们的态度总是处在摇摆不定的状态。

20. 在创世之初，一种仁慈的力量宣告了创造的起源。它从上帝那里一跃而下，直接进入每一个被创造的生命之中。生命由它而生，这些都是那些生物学家们不曾做到，也永远不会做到的。它在所有至高无上的力量中屹立不倒，没有任何事物可以和它相提并论。没有一个人类遗传能够和它并驾齐驱。

21. 这种无限的生命力流淌在你的体内。这种无限的生命其实就是你，你的各种感官意识就是它的大门。打开这扇大门，就找到了力量的秘密。这是值得让你花上一小会儿工夫的。

22. 你们需要严防所有的赝品。要给自己的意识筑造坚实的基础，认识那些从永恒源头而来的力量，也就是宇宙的精神，你们都是按照它的样式和形象而造的。

23. 这种力量是由内而外的，但是我们必须付出这种力量，才可以获得它。使用它是我们享有这份遗产唯一的条件。所有人都是全能的宇宙力量从形态上分化的通道。如果我们不让这些能量释放出去，那么管道就会堵住，我们也就不能获得新的能量。这在每一次努力中、在生活的每一个层面、在生命的每个阶段，都是真实存在的。

24. 所有财富都是心灵力量积累的结果，也是金钱意识的结果。这就是那个神奇的魔杖，它能让你接受理念，给你安排可以实施的计划。你在执行计划的时候得到的快乐，和你在收获与成就的满足中所感觉到的不相上下。

25. 现在，进入你的房间，依旧坐在那把椅子上，保持和之前一样的姿势，让心神处于一个甜美舒适的环境中。描绘一幅美好的精神图景——大地、建筑、树木、朋友、交往等所有圆满的事物。一开始，你会想到太阳底下的所有事物，就是找不到你渴望专注其中的理想愿景。但是不要灰心，坚持下去，你需要每天做这些练习，不要间断。

第6堂课
像狩猎者一样盯住目标

　　思想的能量就是这样。如果思维闲散、四处游荡，能量不能集中，就不可能有什么成就。但是通过全神贯注地把意念全部集中在一个目标上，用不了多久，所有事情都会变成可能的。很荣幸开始第6堂课。这个部分会让你很好地理解从你来到人世以来最为奇妙的一种机制。一种可以让你为自己创造成功、财富、健康、勇气以及所有你想要达成的境况的机制。"需要"使你谋求，"谋求"制造行动，"行动"导致结果。这个演变的过程将一直建设着和今天完全不同的明天。个人的发展和宇宙的进化是一样的，都是一个循序渐进的过程，其中都有着不断增长的容量和能力。

　　我们都知道，假如我们侵犯了别人的权利，我们就变成了道德的绊脚石，不断在路途中被拖累。这个道理告诉我们，成功必须伴随着极为崇高的道德理念，尽可能为所有人谋求最大的利益。

心中的永恒梦想、坚定的渴望以及和谐的关系能够帮助你实现目标。成功最大的障碍是固执地坚持错误的理念。

要和永恒的真理一致，我们就一定要保持内在的和谐与平衡。如果想获得智慧，接受者必须和传递者高度一致。

心智的产物是思想，心智是富有创造力的，但这不代表宇宙能够改变它的运行方式来适应我们，而是意味着我们可以和宇宙保持和谐稳定的关系，当我们可以做到这一点的时候，才有资格得到一切，这时出现在我们面前的才会是康庄大道。

1. 宇宙精神深不可测，如此神奇，它可以产生无穷无尽的结果，带来诸多可能和无限的实用性能量。

2. 我们知道，心灵不光是精神智慧，同样也是物质存在。那么，精神形态是怎样划分的呢？我们应该怎样获取我们希望的结果呢？

3. 如果去问电学家电的功效是什么，他会跟你说："电是一种运动的形式，它的运动方式决定了它的功效。"因为运动方式有所不同，电的功效也各有不同，所以我们有了光、热、电力、音乐等来证明电力使我们创造了各种奇迹。

4.思想的结果又是什么呢?答案是:思想就是精神的运动,就好比风是空气的运动一样,思想的结果完完全全取决于思维机制。

5.这就是所有精神能量的秘密所在。它完全取决于我们的思维机制。

6.那么什么是思维机制呢?你应该知道一些电学奇才,比如爱迪生、贝尔、马可尼等人。他们发明的机制,打破了时间和空间以及地点的限制,使之不仅仅成为话语间的数字而已。但你是否想过,发掘了宇宙潜在力量的发明家,比爱迪生高明得多,他把这个机制赋予了你,让你拥有了改造整个宇宙的能力。

7.无论我们使用哪种园艺器材,我们都会按照习惯去查看这种器材的机械原理,方便我们使用。假如我们要开动汽车,那么首先要知道汽车的操作流程。然而,我们中绝大部分人,却选择了无视自己,无视这个有史以来最伟大的生命机制——我们的大脑。

8.让我们来看一下这种机制的神奇。尽管结果成千上万,但是它形成的原因却是同一种机制,让我们更好地来感受这种机制吧。

9.首先,有一个非常宏大的精神世界,我们就在其中生活和运动。精神世界是无所不在、无所不能、无所不知的。它随时随地对我们的渴望做出反应,它的反应和我们的信念与目的成正比。我们的目的应该和我们的存在法则和谐共存,换句话说,这种信念应该是创造性、建设性的。这种信念强大到能够产生一股十足的力量来实现我们的目标。"你的信念是怎样的，你的力量也必定是怎样的。"这句话完全经得起科学的验证。

10. 外在世界产生的效力，是个人和宇宙之间作用与反作用产生的结果。这就是我们所说的思维过程。大脑就是完成思维活动的器官。想一想这其中奇妙伟大的地方吧！你喜爱文学或者音乐吗？你的心灵能否和那些古代的、近现代的天才产生共鸣？请牢记：在你获得一切美的感悟之前，你的大脑中早已有了一个可以与之沟通的轮廓。

11. 在自然界的宝藏里，没有哪一种美德或者原则是大脑所不能够释放的。我们的大脑是一个胚胎结构的世界，它在所有需要的时候都可以发展成形。如果你坚信这是自然界中最为奇妙的法则之一，是一个科学真理，你就一定可以领悟到那种创造各种成就的机制。

12. 神经系统和电路相仿，它有一个细胞蓄电池，这是产生能量的地方。神经纤维就好比电线，电流从中传输。所有的渴望和冲动都是通过这种方式在这个体系中运行的。

13. 脊髓像是巨能发电机，也是感官渠道，大脑接收和发布的信息都是通过它来传输的。还有脉搏跳动，血管里流淌的血液，持续不断地更新我们的力气和能量。最后是我们细腻美丽的肌肤，用完美的躯壳覆盖着整个身体机制：我们的身心是多么完美的一个架构啊！

14. 这就是"永生之神的宫殿"，而个体的"我"可以掌管这个宫殿，所有的成就都取决于他对自己掌控之下的这个机制的领悟。

15. 任何一个想法，都给了脑细胞推动力。一开始，脑细胞中的某些物质会使得大脑不能对这种想法做出正确的回应，但是如果这个想法足够集中、足够精确，这些物质最终会妥协，并且会非常完美地表现、释放出来。

16. 心灵的这种影响力可以作用于身体的所有部位，可以去除所有不好的影响。

17. 如果你的心灵可以很好地领悟并掌控精神世界的法则，那么它在商业行动中将有着不可估量的价值，它可以提高你的洞察力，让你做出更加完美的判断，从而更好地理解问题。

18. 那些只关注内在世界而不关注外在世界的人，在使用这种全能力量的时候不会遇到问题，而这也会最终决定他生命的境遇，让他的生命和这世间最坚固、最美好、最令人向往的一切产生共鸣。

19. 在精神文明发展的过程中，集中意念、全神贯注也许是尤为重要的一个环节。如果适当地集中精神意念，能够产生令人惊讶的效果，尤其是对那些还处于迷茫生活状态下的人来说。培养集中意念的能力是每一位成功人士所必须具备的素质，也是一个人能够获得最高成就必备的素质。

20. 如果把全神贯注的能量比作放大镜，那么就更加容易理解了，它可以把光线聚焦。如果拿着放大镜晃来晃去，使得光柱不停地移动，这时的放大镜不会有任何能量。但如果让它静止下来，让光线集中在一个点上，保持一段时间，就会看到神奇的反应。

21. 思想能量也是这样。如果思维闲散、四处游荡，能量不能集中，就不可能有任何成就。但是如果全神贯注，把意念集中在一个目标上，不久，所有事都会变成可能。

22. 这是一个化繁为简的方法，有的人也许会这样说。不错，可以尝试一下，你们这些不会全神贯注在一个目标上的人！请选择一件事物，把注意力集中在一个目标上，你可能做不到。你会不止一次走神，然后再回到开始的目标上，一次一次地重复，十分钟过去了，没有任何收获，因为你根本不能做到把思想全部集中在这个目标上。

23. 然而，通过集中意念，你一定能够战胜前进过程中的所有困难，但是获得这种神奇能力的唯一途径就是实践。熟能生巧，不单是这件事情这样，所有的事情都是如此。

24. 为了培养全神贯注的能力，找一张照片，然后再次回到之前的那个房间，用相同的姿势坐在那个座位上。花费至少十分钟仔细观察这张照片，注意照片上人物的面部特征、衣着装扮、眼神和表情等。简单来说，注意照片上的所有细节。然后，遮住这张照片，闭上眼睛，尝试用心灵来观看这张照片，如果你可以把所有的细节都看得非常清楚，在脑海中清晰地呈现出这张照片的图景，那么我要恭喜你了。如果不能，那就努力重复这个过程，直至成功为止。

25. 这个步骤其实是在松土。下面我们会开始学习如何播种。

26. 通过这个练习，你肯定能学会控制心灵的意识、情绪以及态度。

27. 金融家们都在尝试过避世退隐的生活，这是为了远离喧嚣的人群，可以花更多的时间进行计划和思考，并且培养出正确的心态。

28. 成功的商业人士一直在证明着这样一个道理：和其他成就相当的成功商业人士保持思想上的联系，一定会得到丰厚的回报。

29. 一个好的点子也许会价值连城，然而这些点子只可能出现在那些善于接纳的心灵之中，那些时刻准备着的心灵之中，那些拥有一个良好模式的心灵之中。

30. 人们开始学习和宇宙精神和谐共存，他们也在学习思维的基本原理和法则，而这些正悄然改变着环境，结出更多的硕果。

31. 他们发现，境遇和环境随着心灵成长和精神进步而变化。他们知道，激情伴随着行动，认识伴随着成长，洞察力伴随着机遇。一切都是源自心灵，然后才是无止境、无边际的进步。

32. 个人只不过是宇宙分化的通道，所以进步的可能性一定是无穷无尽的。

33. 思想是摄取精神能量的过程，必须牢牢记住这一点，直到它成为我们日常意识的一部分。本书所想要表达的方法，就是让你通过不断坚持来实践一些基本的原理，从而让你真正做到这一点，这才能够打开宇宙真理的宝库。

34. 人生所有的苦难无非分两种：精神焦虑和肉身病痛。这些往往可以追溯到某些违背自然法则的行为。这种违背，是由迄今为止的知识局限性所造成的。然而，过往那些年代积攒的阴云即将散去，随之消失的是由于信息不完备而导致的各种悲苦境遇。人可以改变自己、提高自己，甚至是重塑自己，也能够掌控环境、把握命运，凡是可以清楚认识到正确的思维方式在建设性行动中起到作用的人，都能够获得成功。

第7堂课
让一切都往好的方向发展

想象一幅精神图景，让它清晰、明确、完美。牢牢地掌握它，手段和方法就会随之而来。你会接收到指示，在最正确的时间，用最正确的方式，去做最正确的事情。你所做的一切，都被"吸引力法则"所掌控：好的越来越好，坏的则越来越坏。

人们世世代代都坚信某种看不见的力量，世间万物都是通过这种力量被创造出来的，而且不断地循环再生。

这种力量被人们人格化，把它叫作上帝，或者把它理解为一种本体精神，充满万物，但不管是哪一种情况，它所产生的结果都是一样的。

从人体所涉及的范围来看，任何肉眼可见的物质，都是有形实体，可以被感官所认知。感官是由大脑、身体和神经组成的。然而主观事物则不是实体的，是不可见的、是精神的。

因为人的身体是有形实体，所以它是有意识的。而非实体，尽管和所有实体的属性是相同的，但意识不到自己的存在，所以被称为"潜意识"。人的身体或者说显意识，拥有选择能力和意志力，所以能够在可以解决问题的各种办法中进行鉴别甄选。而非实体，或者说精神，是所有力量的起源或源泉的一部分，它无法进行那样的选择，反之，它可以让自己支配"无限"的资源。所以，你有权做出选择，是依靠人类错漏百出的意志，还是让潜意识来开发自己无限的潜能呢？下面的一堂课就是对这种神奇力量的科学阐述，只要你有一颗理解、认同并且赞赏的心，这种神奇力量就掌握在你的手中。

1. 创造精神图景的过程就是视觉化，这个精神图景其实就是一种担当典范的模型，你的未来将会从这个模型里脱颖而出。

2. 想办法让精神图景变得美好而清晰，不要退缩，想象一个宏伟的图景。一定要记住，除了你自己，没有哪个人能够限制你。成本或者材料也不会对你产生限制。你在无限中吸取能量，在想象中搭建它。一定要让它在你的精神图景中成形，才能让它在其他地方得以实现。

3. 让这幅图景轮廓清晰、鲜明透亮，想要它在你的心中生根，你就必须逐步地、不断地拉近你和它的距离。你就可以成为"你想要成为的人"。

4. 这也是一个非常著名的心理学现象，但是非常不幸，知道这样一个事实对你的心灵是没有任何帮助的，甚至完全无益于你描绘心灵的图景，更不用说实现它了。工作是不可缺少的。我们需要劳作，辛苦的精神劳作，然而却没有多少人愿意为此付出这样的努力。

5. 第一步也是最重要的一步就是"理想化"。因为不管你要建造什么，你一定是在计划的基础上建造。理想一定要坚定而且必须持久。当建筑师想要建造一栋三十层的高楼时，他会在心中提前描绘好每一个线条以及细节。当工程师想要挖一条深渠时，他首先要做的是确定成千上万个不同部分所需要的力量。

6. 你们走的每一步都看到了最后的结果。在脑海中描绘出你想要的事物也是这样的。你好比在播种，但是在播撒所有种子之前，你一定要明白未来想要收获什么。这个就是理想化的过程！假如你不能确定，那么就回到你的座位上，一直思考，直到这幅画卷变得清晰明了。它就会一步一步地展开……首先会是一个很模糊的总体规划，但是轮廓已经出现，也基本成形，后面就是细节，之后你的能力也会进一步地增长，直到你可以详细讲述你的计划，最终在客观的物质世界中实现。那时你将会明白，未来给你准备了什么。

7. 下面的步骤是"视觉化"的过程。你可以看到一个越来越完整的画面，你可以看到更多细节，当细节在你眼前展开，随之而来的就是实现它的方法和步骤。环环相扣，思想能够引发行动，行动会产生方法，而方法可以带来朋友，朋友则会改变你的境遇。最后的第三步也就是"物质化"，将会完全成功。

8. 我们都知道，宇宙一定是先在理念中成形，之后才成为实体的。如果我们能够沿着这条伟大的宇宙建筑师的道路继续前行，我们就能发现，我们的思想的形成和宇宙物质的形成十分相似。个体运行的精神和宇宙精神是相同的。在性质和种类上都没有差别，唯一的差异，就只是程度不同而已。

9. 建筑师把他的建筑视觉化，他脑海中的建筑就是他希望的那个样子。他的思想就是一个可塑的模具，整个建筑都是从这个模具里诞生的，不论是低矮平房还是高楼华厦，是平淡朴素还是美轮美奂，他的想象一定要先落实在纸面上，最后才会利用所需的物质材料，建造一座完美的建筑。

10. 发明家用相同的方法把自己的理念视觉化。比方说，有史以来最伟大的发明家之一的尼古拉·特斯拉，他拥有过人的天赋，创造了最让人为之称奇的神话。在他实际创造以前，将它们具体化，然后再耗时费力地去改正缺点。首先他会在想象中逐步建立起理念，让它形成一幅精神画卷，然后在大脑中进行改进和重组。他在《电学实验者》中写道："通过这种方式，我能够快速提高并且完善一个想法，而不需要接触任何东西。

当我前进到这种地步，并设计出我能想到的一切改进方式，看不出有任何问题的时候，我才会让头脑中的产物具体成形。我设计制作的产品最后都和我之前设想的完全一样，20年来没有例外。"

11. 你可以有意向着这个方向前进。你会树立信念，这个信念就是"未见之事的确据，所望之事的实底"。你会树立自信，这是一种能够带来能力和毅力的自信。你会拥有集中意念的力量，它能够让你排除所有杂念，把思想集中在和目标相关的事物上。

12. 有这样一条规律：思想可以在形态上表现出来，只有那些明白怎样成为一个杰出的思想者的人，才能够获得真正的话语权，成为大师。

13. 在头脑中反复播放这个图景，它才可以变得越来越清晰。每次重复的过程都能让图像比以前更加清晰明确，然而图像清晰明确的程度和外在世界中的表现成正比。你一定要在你的心灵中，也就是在内在世界中好好把握它，直到它展现在外在世界中。即使是在精神世界中，想要构建出有价值的东西也需要合适的材料。在你有了材料之后才可以构建出所有你想要的东西，但一定要保证材料的品质。用再生绒是不可能纺织出上好呢料的。

14. 这些材料将会由默默劳作的数百万的精神建筑工人运送而来，把它铸成你内心中的精神图景。

15. 想一想！你拥有的"精神建筑工"数以亿计，他们随时待命，做好了准备。他们就是脑细胞……除此以外，还有至少是相同数量的备用力量，他们也时刻准备着，哪怕你的需求是多么的微不足道。你的思考能力没有边际，这代表着你的实践能力也是没有边际的，能够让你创造出任何你自己想要拥有的外部环境。

16. 这些精神建筑工人除了在大脑中，还有数以亿万计的"精神建筑工"在你体内的其他部分，他们每一位都拥有很高的智慧去领悟并作用于所接收到的信息或者建议。这些细胞一直在创造并且重塑着身体，然而除此以外，他们还可以进行一些精神活动，把那些能逐步完善所需要的物质聚集到自己身边。

17. 每种不同的生命是如何给自己的成长聚集所需的物质，它们的这些行为也采取同样的方式，遵守相同的法则。橡树、玫瑰、百合，它们完美的表达都需要特定的物质材料，而它们就只是默不作声地要求，就得到了引力法则的准许。所以，如果你想让自己得到最好的发展，这也是你获得所需材料的最合适的途径。

18. 想象一幅精神图景，让它清晰、明确、完美。牢牢地掌握它，手段和方法都会随之而来。供应紧跟着需求，你会接收到指示，在最正确的时间，用最正确的方式，去做最正确的事情。虔诚的愿望能够带来自信的预期，而这些反过来又会因为坚定的渴望而进一步加强。这三者一定会带来辉煌的成就，因为感觉是内心的愿望，想法是自信的预期，而意志是坚定的渴求，就像我们所了解的那样，感觉给想法赋予了活力，而意志让它坚定不移，直到"生长法则"把愿景变为现实。

19. 在人的内心之中，拥有这样超自然的能力、这样巨大的力量，而他自己对此却全然不知，这难道不让人惊讶吗？总有人告诉我们要从"外在世界"中寻找能力和力量，这不是很荒诞吗？他们教我们从内心之外的各个角落寻找力量，而这种力量只要从我们的生命中表现出来，他们又会和我们说，这都是超自然的神话。

20. 有很多人体会到了这种神奇的力量，非常认真努力地去获取力量、健康，还有其他外部条件，但是好像没有成功。他们好像没有能力让这个法则很好地运行。在这种情况下，基本上一切困难都源自他们在和"外部"打交道。他们想要获得健康、权力、金钱、富足，但是不知道这些全部是"果"，只有在我们发现"因"的时候，"果"才会形成。

21. 那些不怎么关注外部世界的人，他们一心只想寻求真理和智慧，而智慧会给予他们，同时力量的源泉也会向他们敞开，他们能看到智慧在目标和想法中展现出来，最终给他们创造出自己所希望的外在境遇。这个真理，表现在每个人勇敢的行动中。

22. 不要去想外部环境，让我们只设计蓝图，让我们丰富自己的内在世界，而外在世界也会随之彰显、表达你内心拥有的状态。你能体会到你创造理想的能量，而这些理想，最终也会出现在客观世界的结果之中。

23. 例如一个人债务缠身，他就只能不停地思考他的债务问题，全神贯注于这些债务，这些想法带来的结果就是：他不但把自己和债务捆绑得更紧，而且事实上也带来了更多的债务。他也用到了引力法则，应用的结果不可避免，司空见惯，那就是"损者益损"。

24. 那么，什么是正确的原则呢？答案就是：把精力集中到你想要的东西上，而不是那些你不想要的东西上。把富裕法则所能够创造的场景视觉化，这会让你实现富裕。

25. 对那些经常抱有恐惧、匮乏想法的人来说，引力法则一定会给他们带来穷困潦倒、匮乏短缺等境况。那么，相同的法则对那些拥有勇气和力量的人来说，则会带来丰饶富足的境况！

26. 这对很多人来说其实是非常困难的。我们都太过忧虑，我们表现出来的也是忧虑、忧愁以及恐惧；我们需要帮助；我们想要做一些事情；我们就像一个孩子播种了一颗种子，每隔几分钟就要跑去看一看、松松土，看看它有没有长大。毫无疑问，在这种情况下，种子是不可能发芽生长的，而这正是越来越多的人在自己的精神世界里所做的事情。

27. 我们一定要种下种子，然后让它不受干扰地生长。但是这不代表我们可以抱手躺卧、无所事事。我们要比之前做更多而且更好的工作，只有这样，新的大门才会为我们敞开，新的渠道才会不断出现。我们需要做的事情，就是保持一颗开放的心灵，应运而生、应时而动。

28. 思想的力量，是获得知识最有力的手段，如果我们把注意力集中到随便一个课题上，这个问题就会被解决。没有什么是人类不能理解的，但是想要利用思想的力量，让它听从你的指挥，劳动是不可或缺的。

29. 请你记住：思想就是火焰，它制造出蒸汽，用来推动财富的车轮，你在生活中遇到的所有经历，都取决于你的思想。

30. 你可以问自己几个问题，并且虔诚地等待内心的回答：你是不是经常感觉到自我和你同在？你是否可以坚持这个自我，还是会像大部分人一样随波逐流？你要记住，大部分永远是被引导的，他们不会引导别人。当蒸汽机、动力织布机或者其他任何一种技术改良和进步的方法被提出来的时候，反对最激烈的就是这大部分人。

31. 这周你的练习是，选择一位你的朋友，让他在你的脑海中视觉化，直至你的头脑中完全清楚地出现他的形象，仔细想一下你最近一次见到他的场景。首先仔细看那间屋子和屋里陈设的家具，并且重复你们当时对话的场景；然后看他的脸庞，清楚仔细地观察；最后根据一个你们共同感兴趣的话题展开交谈；观察他表情的变化，看他的笑容。你可以做到吗？相信你没问题的。然后激发他的兴趣，告诉他你曾经冒险的经历，看看他的眼神里是不是闪烁着开心与兴奋的光芒。你是否可以做到这些？如果可以，那么你的想象力非常好，你正在一点点地取得了不起的进步。

第8堂课
思想引发行动

在本课中你即将认识到：你能够不受限制地挑选你思考的内容，但结果却必然服从一条铁的定律！

这是不是就像一个奇迹？难道不是一件让人啧啧称奇的事情吗？——当我们认识到生活并不被任何飘忽不定的偶然性所控制，而是符合规律的时候。这种平稳的状态就是我们的机会，因为只要遵循这个定律，我们就能够万无一失地收获想要的问题。如果不是因为有了这个定律，那么宇宙就是一片混沌模糊，而不是清平世界了。

这就是善恶源头的玄妙之处，过去、未来的所有幸与不幸，都在这里显示。让我来将这一点解释清楚吧！思想引发行动，假如思想是协调的、具有建设性的，那么结果必然是美满的；假如思想是破坏性的、非常吵闹的，结果必然是不幸的。

所以，仅此一个规律、一个原则、一个总因、一个"力量之源"，幸与不幸，仅仅是用来形容行为结果的词语而已，换句话说，用来表明我们对这一定律是遵循的或者是违背的。

从爱默生和卡莱尔的生活经历就可以看出这一点是非常重要的。爱默生对所有好东西都保持热爱，他的一生就如同一首平静而协调的交响乐；而卡莱尔对所有坏东西都充满厌恶，他的一生便如同一部非常吵闹的纪录片。

这两位伟人，他们都坚定不移地要实现同一个梦想，其中一位将建设性的思想利用起来，所以与自然法则协调统一；而另一位却接受了破坏性的思想，所以将无尽的吵闹和烦躁留给了自己。

所以显而易见，我们不应对任何事物抱有厌恶的态度，即便是"坏"事，因为恨是非常具有破坏性的，我们很快就会意识到，抱有破坏性的思想就如同将"微风"的种子播下，收获的将是"飓风"。

1. 一个非常重要的原则被蕴含在思想里，因为它是宇宙的创造原则，从其本性来说，它一定会与其他类似的思想联结到一起。

2. 很多人将尽可能延长自己的人生作为目标，所有存在其下的原则必然是朝着完成这个目标的方向努力的。所以，思想之所以成形，生长法则最终一定会让它得以显现。

3. 你能够不受限制地对你的所思所想进行挑选，但是你的想法引发的结果却一定遵循一条铁的定律。所有锲而不舍的想法必然会在个人的性格、健康和外在环境中引发某种结果。所以，将这一种方法找到，可以让那些给我们带来不良影响的思维习惯被建设性的思维习惯所代替，这一点就变得至关重要了。

4. 众所周知，要实现这一点是非常不容易的。精神习惯是难以控制的，但这还是可以实现的。方法就是，从现在开始，让那些破坏性的思想被那些建设性的思想所代替。养成对每一种想法都进行分析的习惯。思考这些想法是不是一定需要的，其客观结果是不是积极向上的（不光是对你自己，而且还包括对身边一切受到影响的人）。假如回答是肯定的，那么，将它留存，并珍惜它。这种想法是有意义的，是与"无限"步调相同的，它可以成长、发展，并结出丰硕的果实。另一方面，你最好能将乔治·马修·亚当斯所说的话记下："学会将你的大门关闭，不要让不能给你的未来带来明显好处，而又尝试获准进入的东西走进你的心灵、你的工作、你的世界。"

5. 假如你的想法是批评性的或破坏性的，在任何条件下都只能将错乱与不和谐招引过来，那么对你而言，培养一种对建设性思维有利的心态就是一件必须完成的事情了。

6. 在这一方面，想象力可以提供很多帮助。想象力的培养，可以对理想的产生带来帮助，而你的未来，就是从这样的理想中呈现出来的。

7. 假如你的未来就和一件衣服一样，想象力可以起到积累原材料的作用，而你的心灵就可以把这些材料编织成衣裳。

8. 想象力是一道光，这道光为我们照亮了一个全新的思想和经历的世界。

9. 想象力是一个强有力的工具，所有探险家、发明家，都是凭借这一工具，开辟了从先例到经验的通途。"先例"说："这不可能成功实现。""经验"说："它已经成功达成了。"

10. 想象力是一种拥有可塑性的能力，它把感知到的事物打造成新的形态和理念。

11. 思想的建设性形态是想象力，所有建设性的行为，都有想象力做指引。

12. 假如建筑工人没有从建筑师那里得到蓝图，那么他什么也建造不出来，而建筑师的蓝图就源于想象力。

13. 假如企业家不在他的想象中预想出整个工作计划，他就无法打造一个拥有上百个分公司、数千名员工的大公司集团。物质世界中的事物就像陶工手中的泥一样……真正的事物是通过伟大的思想创造出来的，而这工作的完成又是借助想象力加以应用的。以培养想象力为目标，做一些练习是必需的。精神的臂力，和身体的肌肉一样，都需要加强锻炼。

它需要营养，否则无法成长。

14. 不要将想象力和幻想混为一谈，或是把它和很多人喜欢做的白日梦等同起来。白日梦是一种精神的浪费行为，它将引发精神上的病症。

15. 建设性的想象力意味着精神劳动，更有甚者认为这是最辛苦的劳动。但是，即使是这样，它的回报也是最为优厚的。因为生命中所有最美好的事物都赐给了那些有能力思考、想象并使自己实现理想的人。

16. 假如你充分认识到这样的事实——心灵是独一无二的创造原理，精神无所不能、无所不在，你能够有意识地将思想的能量利用起来，与这样的全能者保持和谐一致，那么你就可以在正确的道路上向前迈进一大步。

17. 接着，就要把自己放在一个可以获得这种能量的位置上。因为这种能量无所不在，它必然就存在你的内心之中。众所周知，这是因为我们领悟了所有能量都是由内而生，但这种能量需要培养、提高、发展。将实现这些作为目标，我们一定要有一颗乐于包容的心灵，这种接纳性也是需要经过训练的，就如同锻炼身体一样。

18. 引力法则一定会正确地依靠你的习惯、性格以及占主导地位的精神状态，在生活的近况、境遇、经历等方面给你带来回报。绝对不是依靠你在教堂中的几分钟思考，或是你读一本好书时的状态回馈于你，真正起作用的，是在你心中占主导地位的精神状态。

19. 假如你一天 10 个小时都沉溺在懦弱、憎恨、负面的想法中，不可能寄希望于仅凭10分钟强大、乐观、创造的想法，就可以带来美满、强大、协调的状态。

20. 真正的力量来源于内心。每个人都能将所有力量利用起来，就是人的内在力量，只不过在等待你通过第一次了解它，进而让它逐渐被看到，然后坚持对它的所有权，并把它灌输到你的意识中，直到你与它融为一体。

21. 人们都表达过对自己长寿的期望，很多人以为，多进行锻炼、用科学的方法进行呼吸、通过健康的方式食用健康的食品，每天喝很多常温的白开水，不喝饮料，就可以延长寿命。其实，通过这些方法取得的效果是微乎其微的。然而，当人们认识到这一事实，并有勇气确定自己和所有"生命"的融合，就会发现自己变得耳聪目明、身体灵活，全身上下都充满了青春的活力。他就会意识到自己将所有能量的源泉找到了。

22. 所有错误都是因为无知引发的。知识的获取可以带来能力的增加，这是成长和进步的决定性因素。知识的获得和证明是能量的组成部分，这种能量被认为是精神能量，所有事物核心的能量都蕴藏着这种精神能量。它是宇宙的灵魂。

23. 人类思想的结果是知识。所以，思想是人类意识进化的种子。如果让人类的思想停止进步，不再为了实现理想而努力提升自己，那么他的能力就会逐渐消失。相由心生，他的面容也将随之产生变化，以将这些变化的情况记录下来。

24. 成功人士将实现理想当作自己的奋斗目标。对他们来说，思想是他们建设所需要的材料，而想象力就是精神工作室。心灵是他们用来掌握周边环境和人的永不停歇的动力，通过这样的心灵来将成功阶梯搭建起来，而想象力正是所有伟大事物诞生的源头。

25. 假如你对自己的理想十分忠诚，当你的计划和环境完全相匹配时，你将感受到心底发出的呼唤，结果将与你对理想的忠诚程度成正相关。为了理想下定决心，为成功做好准备，并将需要的条件吸引过来。

26. 如果你能够将精神与能量合理地编织进你的生活，你会过上十分优越快乐的生活，将所有的苦难都避开。所以，积极乐观的能力也可以由你自己产生，使你被美满和谐所围绕。

27. 这就是将所有普遍意识都吸引进来的因素，也是起伏和忐忑到处都可以看见的主要原因。

28. 在上一堂课里，你将精神图景的创造，以及怎么使这幅图景由不可见到可见都研究透彻了。这一堂课我要让你们将一件物品拿出来，追根究底，研究一下它究竟是什么。这对培养你的想象力、洞察力、感知力与敏锐度都能带来帮助。这个不能凭借多数人的浅显认识得到，而一定要透过事物的表面，用分析的态度仔细研究。

29. 只有少数人清楚，他们看到的所有都只不过是结果，而又清楚这些结果的原因。

30. 依旧像从前那样坐好，想象一艘战舰，发现这个巨大的怪物在水面上漂浮，其中任何生命你都无法看到，所有一切都是安静的。你也清楚战舰的大部分是在水面以下的，是看不到的。你清楚这艘船就像一座21层摩天大楼一样壮观，清楚数百人准备出发，执行命令，清楚能干的、训练有素的、技巧熟练的军官驾驶着船体，他们通过驾驶这艘巨大的船来证明自己可以担此重任。你清楚它就算看起来已经被万物忘记，但它的眼睛探测着周边几英里内的所有事物，每一样东西都离不开它的视野范围。你清楚就算它看起来默默无闻、顺从听命、无名无知，却能将数千磅的炮弹发射出来，给几英里外的敌军带去沉重打击。但是，这艘战舰是怎么到达现在的地点的？在开始之时又是怎么出现的呢？如果你是个仔细的观察者，这所有的一切，你都会想研究明白。

31. 思考一下铸造机械厂的钢板。你会发现，有成百上千人参与它的生产过程。再往后一步，观察一下从矿山提炼的铁矿石，它们被装载在货车或汽车上，紧接着被熔化、锻造。让思维带领你去寻找他们打算建造一艘大船的原因。你了解你的思想现在已经转移到战舰没有形状、无法触摸的形态中，它只不过是存在于工程师的脑海中，而建造这艘巨轮的指令是从哪里传达出来的呢？可能是国防部部长下达的命令。但可能性更高的是，从战争开始以来战舰就被构思出来了，国会通过了拨款提案。可能有反对的，也有支持或不认同这个提案的演讲。这些国会议员是哪些人的代表呢？他们代表你和我，因此，我们会发现，在研究的最后一层，自身的思想常常对这个问题或其他很多问题负责，而这些正是我们常常忽视的。进一步的思考会让我们清楚所有事件中最重要的事实，那就是，如果没有找到能够让钢筋铁骨的巨大物体航行于水面的方法，这艘战舰完全没有诞生的可能性。

32. 这条规律是这样说的："每一个物质的比重，都是其单位体积重量与同等体积的水的重量之比。"这条规律的发现，让任何种类的航海、商业与战争都发生了巨大的变化，让战舰、航空母舰、巡航舰的出现有了更多的可能性。

33. 你会发现这些练习的价值是无法估量的。当我们的思想可以将事物的表象看破，所有就都与以前完全不一样了，琐碎卑微的变得意义深远，索然无味的变得趣味无穷，一些我们以前认为没有任何用处的事情将成为生命中非常重要的存在。

着眼于今日，因为生命在于今日，生命中货真价实的是生命。

在今日片刻的历程中，将生命所有的真理和现实都埋藏起来。

为成长祝福的是今日，为行动颂歌的也是今日；今日是动人的荣耀。因为昨日仅仅是梦境，而明日不过是幻影。但是把握美妙今日将会让每一个昨日都变成幸福的梦境，让每一个明日都变成理想的幻景。因此，努力把握今日吧！

第9堂课
从改变自己开始

用勇气、能力、自强、自信的念头，将那些无助、胆怯、匮乏、有限的想法取而代之。乐观的想法必然会将消极的念头摧毁，就像白昼会将黑暗驱散一样笃定。所有的成功，都是通过把意念永不停歇地集中于目之所及的目标而实现的。

在这一课中，你会学到如何制作工具，它们可以用来创造你所期望的条件。

如果你希望环境发生变化，那么第一步就要改变自己。你的突发奇想，你的勃勃雄心，你的希望、期许也许每一步都会受到阻碍，但是你内心深处的想法可以找到表达的方式，就像植物的种子发芽长叶一样自然。

那么,如果我们想要将环境改变,怎样才能改变它呢?答案并不复杂,根据生长规律。在思想的隐秘领域中,就如同在物质世界中一样,因果关系都是绝对的、不偏不倚的。

总要想到你所期望的情景。要毫不动摇地相信,就好像它是一个已经实现的愿景一样。这就会突出信念不动摇的价值。总是一遍又一遍地重复,会让它成为我们自身的一部分。我们就这样让自己发生改变,就这样把自己改变成理想中的样子。性格不是一件偶然的东西,而是不断奋斗的结果。假如你胆小怯懦、犹犹豫豫、害羞内向,或者是因为对即将到来的危险感到害怕而过度紧张、焦虑不安,请将这个众所周知的真理牢记:"在同一个时间、同一个地方,两种不同的东西不能共存。"在精神和心理世界中,这一点也是毋庸置疑的。因此,治疗的良方非常简单,用勇敢、能力、自强、自信的念头,将那些无助、胆怯、匮乏、有限的想法取而代之。

要将这些实现,最容易、最普遍的办法就是:根据你的特殊情况十分肯定地告诉自己。乐观的想法必然会将消极的念头摧毁,就好像白昼将黑暗驱散一样笃定,结果会是百分之百有效的。行动是思想绽放的鲜花,境遇是行动的结果。

1. "外在世界"中可能只有三件事物会让你觉得有价值,而任何一件都可以在"内在世界"中发现。你可以轻而易举地发现它们的秘诀，就是寻找一种恰当的"机制"，与全能的宇宙力量互相联结起来，要知道，任何一个人都和无所不能的力量相通。

2. 整个人类都对三件事有相同的期望——也是人类个体最高层次的彰显，最详尽的完善——是爱、健康与财富。所有人都认为健康是至关重要的，如果肉体痛苦，又怎么可能开心得起来呢？并不是所有人都会痛快地对这件事表示认同，财富是不可或缺的，但每个人都必须认识到，完备的供应至少是必要的，而一个人对供应完备的认识，对另一个人来说可能是绝对不能容忍的匮乏。但是大自然的供应宝库，就不能只把它当作完备了，而是非常丰富、阔气、奢侈，我们应该领悟到，所有的匮乏或限制，都不过是通过人为的分配方法所产生的限制而已。

3. 大多数人都对此表示认同，第三件重要的事情是爱。"爱"对人类幸福来说是最重要的大事，没有之一。不管怎么样，那些同时拥有这三者——健康、财富与爱——的人，他们的"幸福之杯"已彻底被装满，再也不能将别的东西加进去了。

4. 我们认识到，宇宙物质和"所有健康""所有财富""所有的爱"相同，可以用来和这无穷无尽互相联结的机制，就是我们的思维方式。所以，正确的思维，将引领你走向"伟人的圣殿"。

5. 什么是我们应该思考的呢？假如我们清楚这个问题的答案，就可以发现与"我们期望的所有事物"互相联结的机制了。这种机制，当我把它讲给你们听的时候，看上去也许很简单，但你要一直把它往下读，你会意识到，它其实就是"真理"，如果你乐意，也可以把它称为"阿拉丁神灯"。你会发现，它就是所有善行（它代表着福祉）的基础、必需条件和不二法则。

6. 只要拥有正确、恰当的思维，我们就一定可以将"真理"找到。一切事业和社会来往中潜在的法则是真理。真理是所有正确举动的先决条件。了解真理，自信而且坚定，就可以收获真正的圆满，这是所有其他事物都不能与之相比的。在这个充斥着怀疑、对抗和危险的世界中，它是唯一一块坚实的地面。

7. 了解真理，就是与"无穷无尽"和"无所不能"的力量协调共处。所以，了解真理就是让自己与所向披靡的力量联系起来，它能够将嘈杂与混乱、怀疑与错误都包含进去，因为"真理是强有力的，可以战胜一切"。

8. 就算是最缺少智慧的人，都能够预料到一个将真理作为基础的行为的结果。与之相反的是，就算是最聪慧的人，就算他学富五车、明察秋毫，如果他的渴求是建立在错误的先决条件之上的，他也会因为迷失方向而放弃希望，对接下来的结果形成不了概念。

9. 一切不能和真理保持协调的行为，不管是发自内心还是不小心，都将造成混乱不安，最终导致的损失，都是由这次行为的程度和特性决定的。

10.那我们究竟应该怎么认识真理，来保持与无穷无尽互相联结的机制呢？

11. 假如我们知道，真理是宇宙精神中非常重要的原则并且存在于各个地方，那么我们就不会在这一点上出现失误了。例如，你需要健康，你只需要清楚这样的事实，你内在的"自我"是拥有精神属性的，而所有的精神都是融合统一的，部分在哪里，整体也在哪里。这将带给你健康的身体状况，因为体内所有细胞都将展示你所了解的真理。假如你发现的是疾病，它们展示的也是疾病；假如你发现的是完善，它们展示的也是完善。勇敢将"我完整、完美、强大、坚定、热爱、协调而圆满"表达出来，将给你带来和谐的情境。这是因为，这样的表达是与真理非常相似的，当真理展现出来的时候，所有的错误和杂乱无章都将消失殆尽。

12. 你明白"自我"是属于精神的，那么它一定是非常完美的，所以，"我完整、完美、强大、坚定、热爱、协调而圆满"的表达，一定是科学的叙述。

13. 精神的活动是思想，而精神是具有创造性的，把这一点铭记于心，现实的境遇就会与你的思想保持协调统一。

14. 假如你需要"财富"，那么你只要知道，内在的"自我"与宇宙精神的融合统一，而宇宙精神就是所有的财富。它存在于各个地方，这种认知将有助于你完成并将引力法则使用起来，让你和那些可以使你迈向成功的能量产生共振，并将给你带来与你传达的目的相一致的能力与财富。

15. 你需要实现的机制是视觉化。视觉化和观看是两个截然不同的过程。观看是肉身的、物质的，所以是与客观世界，也就是"外在世界"联系起来的，而视觉化是因为想象力而产生的，所以是由主观世界，即"内在世界"而产生的。所以，它拥有生命力，可以成长起来。被视觉化的事物必然会在外部形态上彰显出来。这个机制是没有任何问题的。它是被那位"做什么都好"的建筑大师建造出来的。但不幸的是，它的操作者并不熟悉、效率低下，但通过练习，坚定信念，就一定可以将这个弱点克服。

16. 假如你需要爱，那么请明白获得爱只有一种方式，那就是付出爱，你所付出的和所得到的是完全成正比的，而你付出的唯一方式，就是让自己被爱包围，直到你成为爱的磁石。其中的方法将在另一课中进行叙述。

17. 那些将最伟大的精神真理和生命中的微小之处互相联结的人，已经发现了将一切问题解决的秘密。一个人越是靠近伟大的理念、伟大的事业、伟大的自然物、伟大的人，他就越会受到激励，思想就越发高深。有传闻表示，所有接近林肯的人，都会出现一种高山仰止的感觉，特别是当人意识到他承担着永恒真理的重任时，这种感觉就愈加强烈。

18. 有时候，接受某些自己实践这些原则来进行检验、某些在自己的生活中验证了这些原则的人的建议，是一种鼓舞。在一封信中，弗里德里克·安德鲁斯就表述了他的观点。

19. 大概在我 13 岁的时候，T．W．马瑟医生（他之后去世了）对我妈妈说："不，没有机会了，安德鲁斯太太。我也是这样失去我的小儿子的，我为他奉献了所有可能的力量。我专门针对这种疾病进行过研究，清楚他的确没有治愈的希望了。"

20. 我的母亲对他说："医生，假如他是您自己的孩子，你会如何处理？"医生回答说："我会不停地争取、争取，只要孩子还拥有哪怕非常小的生存机会和希望，我就一定会争取下去。"

21. 这是一场持续消耗战的开始，不停地来来回回，所有的医生都觉得没有治愈的希望了，但他们还是尽自己所能地给我们鼓励和安慰。

22. 然而最终胜利是归我们所有的，我从一个瘦小、萎缩、畸形、跛脚、仅仅只能用手和膝盖在地上爬行的孩童，长成了一个强壮、高大、健康的人。

23. 现如今，你们必然十分想了解其中的原理，我将尽最大努力用清晰简短的话语解释给你们听。

24. 我自己树立了一个信念，信念中也会充满力量。我会不停地对自己重复："我完整、完美、强大、坚定、热爱、协调而圆满。"保持着这个看法，翻来覆去、从不改变，我夜间醒来，意识到自己口中喃喃自语："我完整、完美、强大、坚定、热爱、协调而圆满。"这是我每天早上醒来所讲的第一句话，也是每天晚上睡前告诉自己的最后一句话。

25. 我不但把这句话说给自己听,还将它讲给在我看来所有需要这句话的人听。我意图强调这一点,如果你自己需要什么,也要有勇气在别人面前笃定地将它传达出去,它将使你们同一时间得到好处。我们将什么播种下去,收获的也会是什么。如果我们将爱与健康的思想表现出来,它也必然会给我们回馈。但如果我们是将恐惧、烦躁、嫉妒、愤怒、憎恨等思想表现出来,那么在我们生活之中也必然会发现恶果。

26. 听说,人每隔7年就会全部更新一次,而现在又有一些科学家提出,事实上每隔11个月我们整个人体都会重新塑造一次。因此,我们只有11个月的年龄。假如我们日复一日地把缺陷带入我们的身体,那就不能把责任推脱到别人身上了,只能在我们自己身上查找原因。

27. 人拥有自身思想的总和。问题是,我们如何把所有不好的念头都抛弃,怀抱积极的思想呢?一开始也许我们不能抵御消极思想的入侵,但我们可以不去理睬它。唯一拒绝它的方式,就是把它忘掉——这代表着,找一些东西取代它。那句准备妥当的发言,现在就可以派上用场了。

28. 当气愤、妒忌、恐惧、烦躁等想法鬼鬼祟祟地暗中潜入的时候,开始使用你的宣言吧。只有光明能够将黑暗打败——只有温暖能够将寒冷打败——只有善可以将恶打败。拿我自己来说,消极悲观的思想不会给我带来任何帮助。对所有阳光美好的事物进行肯定,那么邪恶必然会自己主动离开。

29. 如果你需要什么，你最好能够使用这句宣言，这确实是一句非常完美的话。照着它去做。把它领到你静谧的灵魂深处，直到它在你的潜意识中沉迷，这样你就能够随时随地使用它了——无论是汽车上、办公室里，还是在家中。这就是精神方法的优势之处，它离我们非常近。精神是无处不在、唾手可得的。唯一需要做的，就是了解它的全能性，并死心塌地接受它的善意。

30. 思想是因，境遇是果。这就是善恶起始的说法之一。思想是具有创造性的，它将自动与客体互相联结。这是一个宇宙哲学法则（宇宙法则），这就是引力法则，也是因果法则。对这个法则的领悟和使用，将对所有的起始和结局起着决定性作用。这就是祖祖辈辈的人们在祈祷中获得力量的法则。

31. 这一周我们要视觉化的是一株植物。摘下一朵鲜花，一朵让你一见钟情的鲜花，让它从不能被看见到能够被看见，将那颗小小的种子播种下去，给它浇水、用心照顾它，把它放在可以让阳光直射的地方，观察那个种子长出嫩芽。如今，它是一个生命了，是一个鲜活的、开始获得生存物质的生命。观察它的根，正在向泥土中延伸；观察它的芽，正在向上下伸展；不要将那些生命的细胞遗忘，它们不断地分解、再分解，很快就增长到上百万个。而任何一个细胞都智慧过人，清楚什么是自己希望收获的，并清楚怎么得到它们。观察它发绿长叶，向上向前生长，观察它的枝丫是如何的完美匀称，观察它的叶子怎么生长，观察它怎样长出小小的茎秆，上面擎着含苞待放的花骨朵儿。正当你观察的时候，花蕾舒展了，绽放了，你钟情的花儿在你眼前出现。现在，有意识地将注意力集中，你将闻到一股清香，是微风吹拂过花儿——你视觉化的创造物——带来的怡人芬芳。

32. 当你可以让你的视野变得清晰明朗，就可以进入到一件事物的灵魂深处。它对于你来说非常真实。你将要学会的是心神的集中，而无论你将意念集中在健康、梦想，还是一朵鲜花、一个棘手的商业方案或是人生的其他种种问题上，其中的过程总是一样的。

33. 所有的成功，都是通过把意念永远聚焦在看得见的目的上而实现的。

第 10 堂课
有因必有果，因果相循环

芸芸众生不了解事情的因果，他们只考虑到要让自己的行为产生变化。假如他经商没有成功，会认为是运气不好造成的。假如他不喜欢音乐，就说音乐是一种买不起的奢侈品。假如他没有朋友，会说没有人可以赏识他敏感的心灵。

假如你能充分领悟第 10 堂课中的内涵，就会明白所有事件的发生都有一个明确的原因。你在所有情况下都能通过掌握事情的根源来掌控局面。平民百姓不明白事件的因果，他们被自己的感情和思绪所左右，只能意识到要将自己的行为进行改变。

他们根本不去从整体上思考问题。总而言之，他们不懂所有结果都是由于某个特定的原因造成的，而是用很多借口和理由来安慰自己。他所能做的仅仅只是消极地自我保护。与之不同的是，一个清楚"凡有果，必有因"的道理的人，就会公平公正地考虑问题。他知其然亦知其所以然，并能非常合适地将自己应该完成的事做好。他得到的将是这个世界真情无私的回报，不管是友情、爱情，还是荣誉、赞美。

1. 宇宙的自然法则之一就是富裕。这条法则已经得到证实，在所有方面都是如此。大自然无时无刻不是慷慨、大方、奢侈的。在所有造物上都绝不吝啬。大自然的富裕在万物中展现出来。许许多多的树林和花儿，动物、植物和庞大的繁殖体系，创造与再生都一直不变地进行着。这一切，没有一处不彰显着大自然为人类准备了丰富充裕的供应。显而易见的是，对于任何一个人，富丽堂皇的大门都敞开着，然而大多数人却走不进这个豪奢的大门。他们还不能了解所有财富的普遍存在性，也不清楚精神是使我们与希望的事物产生联结的运动原理。

2. 力量生产出一切财富。财产只有当它能给予力量的时候才具有价值。事件的发生只有当它对力量发挥作用的时候才显得至关重要。所有事物都在不同程度上代表了不同形态的力量。

3. 因果论的结果会在电力法则、化学亲和力法则和地心引力法则中彰显出来，这种理论使人类可以充满勇气，不惧困难地制订、执行他们的计划。这些法则叫作自然法则。因为物质世界是依靠这些法则运行的。

但并不是所有的能量都是物质能量。精神能量也一样存在，心理和心灵上的能量也一样存在。

4. 与物质能量相比，精神能量更加优越，因为它存在于一个更高的层面上。它使人能够意识到、领悟到那些启动大自然奇迹般力量的规律，使得大自然听从人类的命令，取代了成百上千人的劳作。它使人类能够发现那些跨越时空的规律，那些战胜地心引力的规律。这些规律的运行都是精神联系在起着决定性作用，亨利·德拉蒙德的观点很有道理。

5. 就像我们所了解的，物质世界是由有机物和无机物组成的。矿物世界是无机物的世界，它和动植物世界完全隔绝，往来的通道被封闭了。这些困难没有办法解决。物质不能产生变化，环境没有办法改变，没有化学也没有电，没有任何形式的能量，也没有千奇百怪的变化能够为矿物世界中一个微小原子打上生命的烙印。

6. 只有当一些生命的形式委身来到这一片沉寂的世界时，这些没有生机的原子才被赋予了生命的属性。假如不与生命发生联结，矿物世界就只能一直维持在无机的层面。赫胥黎曾告诉我们，生源论（生命只可以来自生命）的信条具有普遍性，放在任何地方都是适用的。丁铎尔也不得不宣布："我承认，没有一丝一毫的确切证据，可以证实我们今天所能看到的生命是与更早的生命没有任何联系的。"

7. 物理规律可以将无机物的世界解释清楚，生物学可以阐明有机体的进化，但是一旦遇到了生命和非生命之间关系的问题，科学只能沉默不语。

自然世界和精神世界中都有一个类似的通道,这个通道在自然界的一端被封闭了。大门紧紧关闭着,没有人可以打开它,没有有机体发生变化,没有精神能量,没有心灵的力量,没有任何种类的进步可以使人类进入精神世界的范畴。

8. 但是,就像植物探入矿物世界当中,用生命的奇迹感受这个世界一样,宇宙精神也是这样委身来到人间,给予人类新鲜、陌生、美好甚至是神奇的力量。所有在工商业抑或艺术领域中曾经有过业绩的男人或女人,都是通过这种联结功成名就的。

9. 思想让无限与有限之间保持联系,让个体与宇宙之间保持联系。我们了解无机物和有机物之间有一个无法跨越的鸿沟,只有当生命进入,物质的宝库才能打开。当种子把根伸展到矿物质世界中,不停延伸、拓展,那些沉寂的物质才开始有了勃勃生机,成千上万个看不见的手指开始为这个新来的客人编织恰当的境遇。生长规律在这时发挥了作用,我们观察到,直至这朵"百合花"长成,甚至在"所罗门极荣华的时候,他所穿戴的,也比不上这花一朵呢"。(以上引文出自《新约·马太福音》第6章和《路加福音》第12章)

10. 当一颗思想的种子进到宇宙精神不可见的诞生万物的财富宝库中,生根发芽,生长规律就开始产生效果了,我们清楚,所有环境和际遇都是我们思想的客观形式。

11. 思想是动态能量的关键活动形式,它可以与客体产生联结,并让生命能量从不可见的状况中脱离出来,要知道所有可见的客观世界中的物体，都是来自不可见的能量。所有事物都是通过这种规律彰显的。

12. 这一点也不例外，假如宇宙的灵魂就像我们所了解的那样，就是宇宙精神，那么整个宇宙也不过是宇宙精神为自己塑造的环境而已。我们仅仅是个体化了的宇宙精神，用完全相同的方法塑造着我们的生存环境。

13. 这种创造性的力量，对潜在的精神力量或心灵力量的认知起决定性作用，一定不要把它与进化混为一谈。创造力可以使客观世界从无到有。而进化仅仅是把万物中已经存在的各种可能一层一层地展开。

14. 在通过使用这一法则来完成各种各样奇迹般可能的同时，一定要铭记，我们自己并不能做什么，就像那位伟大的传道者曾经说的："不是我在做什么，乃是居住在我里面的父做他自己的事。"（语出《新约·约翰福音》第12章）我们也应该采取同样的态度。

15. 最近有一个非常大的错误，就是认为人类能够创造智慧，进一步使"无限"的力量依靠这种智慧达成某个特殊的结果或目的。这根本不是必需的，宇宙精神是可以让你信赖并依靠的，它可以找到完成所有需要的门路。而我们要做的就是建造我们的梦想，而这梦想必须是完美无缺的。

16. 我们知道电力法则是这样的——能够掌握并使用这种看不见的力量，使它通过不计其数的方式为我们的幸福和舒适服务。我们知道信息在整个世界传达，硕大的机器依照我们的命令工作，电将全世界都照亮。但我们也一样知道，如果我们有意或无意地违背了电的规律，在没有绝缘的情况下触摸了火线，那结果就非常不幸甚至是悲惨了。同样的，如果不了解统治不可见的精神世界的法则，也会导致相同的后果。对于许多人而言，这是他们苦难的来源。

17. 有人把因果关系法则阐明成极性原理，两极之间一定由电路连通。如果我们做不到与精神世界的法则保持和谐一致，这个电路就没有办法连通。如果我们不了解这个法则是什么，又如何能与这个法则保持一致呢？我们怎样了解这个法则呢？只有通过不断地研究和琢磨。

18. 我们发现这个法则在各个地方运行。大自然的所有，在生长法则中不停地彰显自己，证实这一规律运行得畅通无阻。凡是有"生长"的地方，就必然有生命；凡是有生命的地方，就必然和谐。所以，一切有生命的物质都在不停地为自己获得完备的供应和恰当的环境，尽量完美无瑕地将自己表现出来。

19. 假如你的思想与自然的创造性准则保持协调，那么就会与"无限精神"步调和谐一致了，这就形成了电路，它不会让你无功而返。然而，你有很大可能有些想法与"无限能量"并不协调，这个时候电路的连接就没有了，电路中断了。那会造成什么结果呢？假如一个发电机正在发着电，而电路被切断了，那这电怎样流通发散呢？那么发电机就只能停止运转。

20. 智慧、勇气、强大和所有协调的境遇都是力量的结果。而我们了解，所有的力量都是由内而生的。同样，所有软弱并非力量的匮乏，而是贫乏含糊,是无本无根。而解决的办法也只有开发力量而已,开发力量的方式与开发一切别的能力的方式相同,都是通过训练。

21. 上面所说的练习就是运用你的知识。只是知识不会使用自己,必须由你来运用它。财富不会从天而降,也不会主动送到你的手上。而对于引力法则的积极领悟,并让它在实践中执行,以达成一个明确、详细的目的的思想,以及完成目标的意志力,将通过大自然的传递法则使你期望的愿望真正实现。

22. 这一个星期,找一面空白的墙壁,或是任何方便的地方,仍旧如同之前那样坐下。在意念中绘出一条六英寸左右的黑色的水平线,尝试观察这条线,就想象它绘制在墙上一样。之后,再用意念绘制出两条垂直的线,与之前的那条水平线的两端连接起来。接着再绘制一条水平线,把这两条垂直的线相互连接,这样就出现了一个正方形。尝试看清楚这个正方形,看清以后,在正方形中绘制一个圆,在圆心标记一个点,之后把圆心的点向你自己的方向拉近10英寸。那么你就在一个正方形的底面上完成了一个圆锥,你应该能记得这个圆锥是黑色的,再把它变成红色、白色、黄色。

23. 假如你可以做到,就表示你已经收获了很了不起的进步,过不了多久,你就可以做到在心中思考的任何一件事情上将注意力集中了。如果你已经可以做到让一个目的或物件在脑海中十分清晰地呈现,那么请相信,在你的努力下,它早晚也能出现在你的生活里。

第11堂课
不要给自己设限

唯一给我们设限的是我们自己思考的能力，适合所有场合、所有情况的能力。就像《圣经》中所描述的："但凡你们祷告的祈求的，不管是什么，只要是你相信的，就一定会得到。"

人的生命是由现实存在的、一直改变的原则所领导的。不管什么时间，不管在什么地方，这个法则永不停息地运行着。人类一切的行为都有其固定的规律。正是由于这个原因，那些掌握着庞大产业的人可以准确地测定每10万人中可以对确定的调整条件做出响应者的准确百分比。不过我们不要忘记，无论是哪一个"果"，都会有对应的"因"。而本来的"果"，反过来又成了"因"，接着引发其他的"果"，而这些"果"

又变成了其他的"因"。因此，你在使用引力法则的时候一定不要忘记，现在的你正在打开一连串的因果关系链，它也许会引发好的结果，但也会产生不计其数的其他可能性。

我们常常听到别人这样说："我的日子如今可真是太不容易了，这并不是我自己期待的结果，因为我根本不想收获这样的结果。"我们没有认识到，就像精神世界中的互相吸引力一样，内心的意识会给我们带来某种友谊和社交，而这样又会对一些情景和际遇产生影响。所有这些，反过来又会成为我们抱怨现在生活的原因。

1. 总结推断是一种客观思维的过程，它需要我们把很多单独的例证进行相互比较，从中找到造成它们的共同原因。

2. 归纳法是通过对事实的对比得出结论。正是使用这种研究方法，人类才能够发现大自然中各式各样的规律，也正是这些意识，创造了人类历史上史无前例的进步。

3. 归纳法是迷信与智慧之间的分界线，它以秩序、理性与确定性取代并消除了人类生活中千变万化的成分。

4. 归纳法就是我们在前面的内容中曾提到过的那位"门卫"。

5. 当我们所熟悉的世界发生了翻天覆地的革新；当太阳在绕地旅行的过程中被打断，而看上去是平整的大地却被打造成球体，并围绕太阳旋转；

当惰性的物质被分解为活跃的分子；从浩瀚的宇宙拓展到望远镜和显微镜所能窥探到的任何一个角落，都充斥着力量、生命，不停运动。我们忍不住要问，究竟是什么样的手段和方式，可以使这精密奇妙的宇宙结构秩序井然和自我修复？

6. 同性两极和同性磁力互相排斥，各不相让，这就足以表明为什么星球之间、人与人之间、力与力之间一直相互保持着一定的距离。异性互相吸引，酸碱中和，供需互相补充，一样也证实，拥有各种能力的人也是能够互相吸引、互相配合的。

7. 眼睛找寻并满意地获取着颜色，通常是那些和目前色彩互相补充的颜色。同样，人的需要、追求与希望，往往也是这样指引和决定着人的行为。

8. 当我们能够知道这些，确实是非常幸运的。居维叶从一颗已经灭绝的动物的牙齿中取得了巨大成果。这颗牙齿为了更好更全面地使用自己的功能，就需要动物的整个身体和它的需求互相配合，也正是这颗牙齿对身体产生的决定性影响，让居维叶可以通过它重新将这个动物的骨骼构建出来。

9. 当天王星的运行轨道发生偏离。勒维耶想要在太阳系的某个确定位置上找另一颗行星，来维持太阳系的秩序，而海王星就在预先确定的时间和地点出现了。

10. 动物的本能需求和居维叶的理性需求是相契合的，大自然的需求和勒维耶的聪慧是类似的。于是，结果产生了，何处有"存在"的思想，何处就有"存在"的事实。定义明确、符合规律的需求，为大自然更为繁杂的运转提供了理由。

11. 我们将大自然给予我们的答案正确地记载下来，借助科学的飞速发展，我们的感知范围扩大到整个自然界。我们能够握住那根撬动地球的杠杆，认识到我们和外在世界有着非常密切、变化多端、深入的联结，就如同公民的生命、自由、幸福与政府的存在相契合，我们的目标、希望也和整个辽阔的宇宙结构相契合。

12. 个人利益被国家的武器（加上他自己的武器）所保护。某种程度上来说，只有有节奏地逐步发现民众的个人需求，才能够更好地采取措施来保障民众的个人需求。与之相同的是，大自然共和国的公民，也是有意识地通过与更高力量的联合，从而保护我们不会受到低级介质的侵扰。通过阻力的基本法则——物理、化学介质之间互相吸引或排斥的法则——提起诉求，大自然就可将人与外部世界之间互相作用所需的劳动力安排妥当，以完美地完成创造者的期望。

13. 假如柏拉图可以依靠摄影师的力量观察到太阳工作的情景，抑或通过归纳法幻想出一百幅相似的画面，他或许可以想起自己承前启后的智慧言语，脑海中也许会出现这样一片乐土：所有人工的、机械的劳力和重复性劳动都分配给大自然的力量去完成，我们的愿望只需要我们意念活跃，再加上精神的运转就能够实现。所有供应都是通过需求产生出来的。

14. 无论这个理想看上去有多么的遥不可及，这种归纳法都能够使人类向前迈进一大步。它用各式各样的好处包围着人们，这些好处同时是对以往忠诚的回报，对未来努力付出的鼓舞。

15. 归纳法也可以对我们集中并增强能力提供帮助，可以帮我们收获那些还没有摘取的果实；对我们使用精神最单纯的形式，找到解决个人和宇宙所有问题的答案提供帮助。

16. 在斯韦登伯格的书信中，针对这种理念也曾有所阐明。除此之外，还有一位更伟大的传道者曾经提出："但凡你们祷告的祈求的，不管是什么，只要是你相信的，就一定会得到。"（《马可福音》第11章第24节）这段话中的时态区别需要引起我们的重视。

17. 有关使用创造性能量最轻而易举、最清晰明了的教导，就是把我们期望的某一件特别的事物，当作一个已然存在的事实，让它在宇宙主观精神上打下烙印。

18. 这样的话，我们就能够在绝对的层面上进行思考，将许多相对条件或局限摒除在外。我们播种一颗种子到土壤中，只要不影响它，它就会发芽生长，结出外在的果实。

19. 回忆一下：总结推断是一种客观思维的过程，我们把许多单独的事例进行互相对比，紧接着找出造成它们的共同原因。我们观察到，在这个地球上的任何一个文明国家中，人们都是通过某些过程来得到结果的，但他们自己却知其然而不知其所以然，经常为这些结果附加一些神话色彩。我们找出其原因的目的，就是要探寻使结果可以得到实现的规律。

20. 有那么一类幸运的人，从他们身上能够看到这种思维进程的运转。他们可以不费吹灰之力就得到其他人需要辛苦付出才能收获的所有。他们从来不需要进行良心的斗争，因为他们一直走在正确的道路上。他们的行为举止一直恰当得体，研究什么都非常容易，不管开始做什么，总能发现其中的奥秘，轻松完成。他们和自身保持着永恒的协调，从不需要对自己的所作所为进行反思复盘，也不需要忍受艰难或辛苦的考验。

21. 这种思想的结果，确确实实是上帝的恩赐，但是几乎没有人发现并重视这个恩惠。人的心智只有在合适的条件下才能拥有这种奇迹般的力量，它能够被使用并提供解决人类所有问题的帮助，了解这种力量，明白这样的事实，有着非常重要的意义。

22. 所有真理，无论是用现代的科学术语来表达，还是用使徒时代的语言来阐述，它的本质都是一样的。有些人不敢认同，任何一种具有完整性的真理，都需要各式各样的表达——没有任何单一的人类公式能够将真理的每一个层面都阐述清楚。

23. 不停地改变、不同的重点、新的语言、特别的表达、独特的观点……这些并不是如某些人所叙述的那样，代表着对真理的违背，恰恰相反，这所有证据证实，真理与人类的需求之间正在建立新的关系，而这种关系逐渐被认可并得到大家普遍的理解。

24. 真理需要用一种新的、与以前迥然不同的方式向每一个时代的每一个人传达清楚。伟大的传道者曾提出："但凡你们祷告的祈求的，不管是什么，只要是你相信的，就一定会得到。"还有保罗说过的："信心是所期望之事的基础，是未见之事的明确依据。"以及现代科学中所说的——"吸引力法则就是思想和客体互相联结的规律。"只要对这些论述进行剖析，就会发现同样的真理都蕴含其中。唯一不同的就是叙述方式的差别。

25. 我们正处在一个新旧迭代的十字路口。已经到时候了，人们掌握了控制权的秘密，新型社会秩序的道路已经建造完成。比迄今为止人们所渴望的一切事情都更加奇妙。现代科学和神学的斗争，比较宗教的探索，新社会运动的巨大能量，所有这一切都在为新秩序清理道路。它们可能打破了传统中封建腐朽的一面，却将精华部分留存了下来。

26. 任何一种新信仰的出现，都召唤着新的表达形式，这种信仰正是通过对能量表现的深层理解，让它在每一个层面的精神活动中展现出来。

27. 这种在矿物质中沉睡、在植物中呼吸、在动物体内运转、在人类心灵中达到顶峰的精神，就是宇宙精神。它使我们可以弥补理论和实践的差距，跨越行动与目标的鸿沟，证实了我们对于上天所赋予的领导权力的掌控能力。

28. 截至目前，所有世纪中最伟大的发现，就是思想的力量。这一发现的重要性就算不是迅速被大家普遍认可，但也会逐渐被人们所认识，它的重要性也正在每一个研究领域中彰显出来。

29. 你大概会问，思想的创造力是由什么组成的？它是由创造性的理念组成的，与此相反，这些理念通过发现、创造、使用、辨别、意识、剖析、掌控、管理、综合等手段，使用物质和力量，让自身客观化。它可以实现这些，因为它是拥有智慧的创造力。

30. 当我们沉浸于思想深渊的时候，思想最崇高的生命力就产生了。当思想打破自我的限制，通过一个又一个的真理，就走进了永恒之光的所在之处。在这里，所有现在拥有的，曾经拥有的，未来将要得到的，都将互相融合，形成一个严肃和谐的整体。

31. 在这个自我反思的过程中，诞生的将是智慧创造性的启示，这种启示高于所有元素、力量抑或自然法则。这种从反思中诞生的启示，可以帮助你更好地认识、改变、管理自己，从而帮助你实现人生的终极目标。

32. 智慧诞生于理性的破晓，而理想仅仅是对于我们借此机会认识事物本质的知识和原理的感悟。智慧，是明确的理性，智慧引导人走向谦卑，因此谦卑是智慧之大成。

33. 我们知道有很多人收获了看上去难以达成的成就，有很多人完成了自己一辈子期望的理想，很多人让所有一切都发生了改变，包括他自身。我们有时也会为这种战无不胜的力量而感叹，它总会在人最需要的时候显现出来。但如今，所有人都明白了。我们所要完成的，就是领悟某种正确无误的基本法则，以及它们的合理使用。

34. 你这个星期需要完成的任务是，认真体会《圣经》中的这句话，"但凡你们祷告的祈求的，不管是什么，只要是你相信的，就一定会得到"。请你集中注意力，这其中没有任何局限，"不管是什么"，说得非常清楚，这意味着唯一影响我们的是自己的思考能力，适应所有场合、所有情况的能力。要记住信心不是虚无缥缈的影踪，而是的的确确的存在，"是所期望之事的基础，是未见之事的明确证据"。

第 12 堂课
将力量汇聚在一起

第 12 堂课开始了。接下来你会看到这样一句话:"第一,要了解你的力量;第二,要有敢于挑战的精神;第三,要有去实现的信心。"

假如你将注意力集中在这些思考上,将你的注意力完完全全集中在上面,你就会在所有句子中感受到一个非凡的世界。这会让你引发与它们相和谐的思考,不久就可以领悟到你所关心的这种思想的深刻内涵。

知识不会运用自己,我们作为人类,一定要将它投入到实践中去,而应用,就在于用生机勃勃的目标去灌溉思想之花,让它开出丰饶的花海。

许多人的努力是没有方向感的,耗费了很多的时间、想法、精力,如果用来朝着期望中的某些确定的目标奋斗,也许会产生奇迹。为了实现这一点，你一定要将你的精神能量全部集中，聚焦在某一确定的信念上，将所有杂念的影响摒除在外。如果你曾经了解过照相机的镜头，你就会知道如果不将焦距对准，物体呈现的影像就会非常模糊，而当你调整好焦距，图像就会逐渐清晰明朗起来。这证明了集中精神所产生的力量！如果你不能把精力集中在你所希望的目标上，你只能得到一个朦朦胧胧、非常模糊的理想轮廓，其结果将与你的精神图景相一致。

1. 科学掌控思想的创造性力量，生活中的每一个目标都能够收获圆满的结果。

2. 这种思考力是人所共同拥有的。我思故我在！人的思考力是无穷无尽的，因而创造力也是无穷无尽的。

3. 尽管我们知道思想是因其客体而产生的，最终让我们与客体之间的距离逐渐拉近，但我们还是很难将那些恐惧、烦躁、气馁的情绪排出去。它们也一样具有强有力的思想能量，不断地让我们期望的东西离我们越来越远，常常让我们往前迈进一步、向后撤退两步。

4. 唯一能够让我们不再后退的方法就是不停地往前迈进。成功的关键是一直保持警醒。有三个步骤需要你去完成：第一，要了解你的力量；第二，要有敢于挑战的精神；第三，要有去实现的信心。

5. 有了这个做基础，你就能够为自己构建理想的事业、理想的家、理想的朋友以及理想的环境。你不会被材料或成本所限制。无穷无尽的资源，都在你的把控之下。

6. 不过，你的理想一定要清楚、明白、确切。今天一个理想，明天又一个理想，下周又出现了第三个理想，这意味着你消磨了自己的力量，必定会一无所成。后果就是耗费人力、物力，让所有事情变得非常杂乱，没有任何意义。

7. 但是很不幸，很多人都引发了这样的后果，原因不需要多说大家都可以明白。假如你给雕塑家递了一块大理石和一把凿子，让他开始进行雕塑，每过15分钟就改变一次主意，那结果会如何呢？与之相同的，你现在所创造的是天地万物间可塑性最强、最伟大的、唯一真实的材料，如果你的主意不停地改变，结果又怎么可能好呢？

8. 这种犹豫不决、消极负面的思想，导致的后果往往体现在物质财富的耗损上。渴望中的自立（这需要很多年的辛苦付出和努力），一转眼就全部消失。这时，你会意识到，这是因为金钱和财产的匮乏导致的。恰恰与之相反，世界上唯一能够依靠的，就是对思想创造力的现实应用。

9. 你所能具备的、唯一真实的力量，就是调节自身、使之与神圣的永恒原则协调统一的力量，只有当你明白了这一点，在现实中应用的方法才会被你所掌握。你没有办法让"无限"的存在发生改变，但你能认识到自然法则是什么。作为回馈，你会清楚地明白你拥有这样的能力：调节自己的思考力以适应存在于各个地方的宇宙思想。你所拥有的这种与无所不能的力量和谐发展的能力，提前将你未来会获得的建树展示了出来。

10. 思想的力量有很多滥竽充数的赝品，它们多多少少可以让人沉醉其中，但它们导致的后果，不仅没有任何好处，反而会带来损害。

11. 毋庸置疑，烦躁、恐惧等所有负面的想法，导致的后果也是物以类聚；那些怀着这些想法的人们，到最后都尝到自己种下的恶果。

12. 还有一些灵异现象的追求者，他们努力寻找一些证据、显灵等。他们将心灵的大门打开，沉浸在危害作用很大的精神世界的旋涡中。他们不明白这是一种让他们逐渐消极、被动、驯化的力量，这种力量让他们在这种思想形式中沉沦，并且最终使他们耗费了全部的精神，元气大伤。

13. 还有印度教的崇拜者，他们在高手表演的物化现象中，发现了一种力量之源，但他们却忘记了，换句话说，他们从没认识到，一旦意念耗尽，它的形式也会随之萎靡，原本其中蕴含的所有能量，眨眼间就全部烟消云散了。

14. 还有很多人沉迷于心灵感应，或者说是意念传递，但是对心灵感应的获取方来说，它的精神影响是负面的。如果所渴望的事情很笃定，就希望听到什么或是看到什么，这种意念也会传递出去，但是它会导致不好的苦果，因为它将其中关联的精神原理倒置了。

15. 很多情况下，催眠术对受催眠者和施术者来说危险程度是一样的。

每一个了解精神法则的人，都不会愚蠢到想要掌控他人的思想，因为如果这样做，施术者将慢慢地失去他自己的力量。

16. 所有这些曲解，都是短时间的满足，甚至有一定的迷惑性。然而，在对内在力量世界的真正了解中，却潜藏着更大的、无穷无尽的魅力。这种力量，会随着对它的使用而逐渐增强。它将一直存在，而不是转瞬即逝。它不但能起到补救的效果，对以往错误思想的结果进行补救，也能起到预防的作用，保护我们避免受到各种形态的危险的迫害。最后，精神力量还是实际存在于创造性力量之中，依靠这种力量，我们能够为自己打造新的情景和境遇。

17. 它的规律是：思想与其客体产生联系，在精神世界中沉思或形成的东西，在物质世界中都会逐一实现。这个时候，我们一定会发现，任何一种思想都有一出生便拥有的"真"的萌芽，只有这样，生长规律才能把"善"注入外部表现中，因为只有善才能赋予永恒的力量。

18. 我们发现，不管在哪里，只要认识了思想的力量，这一真理就可以得到加强。宇宙精神不只是智慧，也是物质，这种物质是一种吸引力，它是电子通过引力法则交汇在一起组成原子，原子又通过同样的法则交汇在一起组成分子，分子又组成物质的客观形式。因此，我们发现，爱的法则是所有现象背后的创造性力量，不只是建造了一个个原子，也建造了整个世界、整个宇宙，以及想象力可以给予形态和观念的万事万物。

19. 正是通过这个神奇的引力法则运行,让祖祖辈辈的人类确信,必然有什么人格化的存在,能够对人们的祈求和愿望做出回应,并掌控着所有事件,来满足人们的需求。

20. 思想和爱的融合,产生了不可抵抗的力量,这种力量就是引力法则。所有的自然法则都是不可抵抗的,如重力法则、电力法则或其他法则,它们都有着数学的精准性。这一法则从来不会发生改变,只是分散使用力量的渠道也许并不圆满。假如一座桥倒了,我们不能把它的倒塌怪罪于重力法则出现了变化。假如电灯不亮,我们也不能认为电力法则不再令人信服。同样,假如引力法则在一个没有经验的人身上表现得并不完美,我们也不能因此质疑这个创造体系都依靠它而存在的最伟大、最准确、最完整的法则。相反,我们应该认识到自己对这个法则的了解是匮乏的,就如同在一个数学难题中,我们并不能总是很快地、轻而易举地得出正确答案,这两者的道理是相同的。

21. 事物都是先在精神世界或心灵世界中被建造出来,紧接着才在外在的行为或事件中产生。现在掌握思想力量,可以在我们未来面对事情的时候提供帮助。要想把引力法则落实在行动上,有理有据的心愿是最行之有效的手段。

22. 人是具有这样一种特点的:第一步他一定要将工具或器械创造出来,紧接着通过这些工具获得思考的能力。大脑中如果没有脑细胞和一种全新的理念发生共振，人的思想就一定不会接受这种理念。这就是为什么我们难以接受或承认一种全新理念的原因。因为我们的大脑中没有可以接收这种信号的细胞，所以我们会保持怀疑的态度，不相信它。

23. 意愿控制着我们的注意力，力量来自休养生息。通过将意念集中，深邃的思想、智慧的谈吐和所有高层次的潜力就都能够发挥出来了。

24. 在"静谧"中，你和潜意识中那无所不能的力量产生了联结，所有力量都是从这里发展出来的。

25. 这一周，依旧进到那间屋子里面，坐在那张椅子上，保持和之前一样的姿势。一定要放松身心，让心灵和肉体都保持自然的状态。从始至终，一定不要在压力下去做任何的精神劳作，神经和肌肉都保持放松，让自己的身心处于一种非常舒适的状态。现在，要认识到自己与无所不能的力量是协调统一的，与这一力量产生了联系，深刻感受、认知、领会这样的事实——思考力就是你作用于宇宙精神并让它彰显出来的能力；了解到宇宙能力将实现你所有的要求；了解到你与每一个人已经存在的潜力是旗鼓相当的，因为每一个个体都仅仅只是整个宇宙的体现或阐述，一切都是整体的组成部分，在种类和性质上并没有什么不同，区别只是程度不同而已。

第 13 堂课
没有不可能

世上没有什么超自然的东西，所有的现象都有其产生的原因。要有想象的勇气，更要有实现梦想的勇气。你要坚信，自己一定"与天父合二为一"，你就是创造者，未来一定被你所创造。你有资格去得到世间每一件完美的事物。

物理科学引领了发明创造的奇妙时代，现在我们正生活在这个时代中。而精神科学当下正在扬帆启航，没有人可以预言精神科学会出现什么样的可能性。

精神科学曾经一直是那些胸无点墨、无所作为、封建迷信、胡言乱语的人们所玩的游戏，但现在人们仅仅对确定的方法和已经证实的事实感兴趣。

我们开始认识到，思想是一种精神作用，虚幻和想象一直都是在行动和事件之前的，梦想家的日子来临了。赫伯特·考夫曼的这段话十分有趣：

"他们是伟大的建筑师，理想在他们的灵魂中隐藏，他们穿透质疑的薄雾和纱幕，穿越未来时间的墙壁。装甲的车轮、钢筋的痕迹、拧紧的螺丝，都是他们用来编织奇迹挂毯的织梭。他们是帝国的创始人，为之奋斗的所有一切比皇冠更加珍贵，比宝座更加让人望尘莫及。你的居所是在梦想家发现的国土上构建的。这片国土的城墙上勾勒着梦想家灵魂中的幻影。"

他们是被挑选的少数——是"道"的传播者。墙壁倒塌了，帝国倒下了，大海的潮起潮落，撕扯着岩石坚硬的外壳。时光的枝干上不停有腐朽的王国萎靡堕落，有且只有梦想家亲自创造的所有被保留下来。

下面的第 13 堂课将向你展示梦想家的梦想是怎样完成的。这一堂课中叙述了所有梦想家、发明家、作家、金融家借此机会让梦想成真的因果关系法则。阐述了这一法则是怎样让精神中形成的图景最终成为我们自己所拥有的现实。

1. 现在科学的发展，抑或需要，是通过对那些罕见、特殊存在的事件做出总结，从而对日常事件进行解释。就如同火山爆发表明了地球内部的热能运动一样，正是因为地球内部的热能运动才让地球表面变成了如今的样子。

2. 与之相同的，闪电展示了一种经常让无机世界产生改变的奇妙能量。再举个例子，一种已经消失的古老语言可能曾一时间在某个国家流行，在西伯利亚找到的一颗巨齿、在地球深处找到的一块化石，不只是记载着过往岁月的变化，同时也在向我们展示着现在生活中的山岭河谷的起始。

3. 通过这种方式，对那些罕见的、千奇百怪的、特殊存在的事情做出总结。就好像有了指南的磁针，引领着科学的所有发现。

4. 这种方法是构建在推断和经验的基础上的，所以，它打破了迷信、常规与先例。

5. 自培根勋爵推荐这种研究方法以后，已经经历了几百年了，文明国家的物质、文化的繁荣，很多都是它的功劳。这种方法将人们头脑中狭隘的成见、根深蒂固的观念摒弃了，比使用最尖锐的嘲讽更能产生强大的效果。它把人们的视线成功地从天国吸引到地面上，通过让人无比震惊的实验，而不是强烈批评人们的愚蠢。它有力地培养了发明创造的能力，通过把最新适用的发明对所有人公布出来，而不是通过对那些头脑中原本存在的理念充耳不闻。

6. 培根与伟大的古希腊哲学家们事先没有商量过，但是意见却完全一致，并在新时代所赋予的新调查手段下让这种思想立竿见影。如此这般，上至天文学无垠的空间，地理学深远混沌的年代，下至生物胚胎学的微小的卵细胞，一步步彰显出一个伟大神奇的知识领域。脉搏跳动的规律彰显出来，这是亚里士多德的逻辑学不管怎样都推理不出的。物质集合被分解成我们以前一无所知的分子，这是所有经院哲学辩证思维都无法做到的。

7. 人延长了寿命，减轻了痛苦，攻克了病症，地里的产出变多了，海员在航海中会更加安全。我们的祖先从来没有见到过的大桥跨越了大江大河，如同白日一样的光明将夜晚的黑暗照亮，让人类的视野开阔了不少，人们基建的能力成倍地增长，速度变得更快了，距离不见了，交流沟通、官方通信、商务往来越来越方便了，人们能够自由自在地在辽阔的天空中翱翔，能够放心大胆地潜入大海深处的那些幽静的地球洞穴中。

8. 这就是归纳法真正性质的范围。人类科学的成就越是突出，我们就越是应该对这些事例和教导融会贯通——在得出一般规律的结论之前，我们一定要利用所有的方法和资源，细心、仔细、正确地查看个体的事例。

9. 为了研究清楚电动机械上为什么会有火花产生——这种情况多如牛毛——我们应该勇敢地和富兰克林并肩而立，凭借风筝的形式，大胆向天空中的乌云打听闪电的性质。为了明确了解伽利略自由落体的方法，我们应该有勇气和牛顿站在一起，向天上的月亮打听与地球关系密切的引力。

10. 简单来说，以我们所认定的真理的价值为基础，以对普遍、平稳进步的渴望为基础，我们不愿意用残酷的成见让我们忽视或伤害那些不被欢迎的事实，而应该把科学的上层建筑立足在广阔坚固的基础上，不仅要将注意力集中在那些普遍的现象中，也要关注到那些罕见的事实。

11. 通过观察，我们能够收集越来越多的资料。然而，累计的大部分事实对阐明自然规律来说，意义价值不尽相同。就像我们把人类的品格看作自然进化中最奇妙的事件，相同的，自然哲学也对所有事实进行了挑选，而那些重要性胜过所有事实的，也正是那些日常生活中不能轻易被发现的现象。

12. 假如我们发现某些人拥有不同寻常的能力，可以得出什么结论呢？首先，我们会说，怎么会出现这样的事？这样表达的人只不过是认同了自己的愚蠢，因为每一个诚实的探索者都会认同世界上总是会有一些离奇的、以前无法解释清楚的现象出现。而那些清楚思想创造力的人，一定不会觉得这些现象是一直不能解释明白的。

13. 接着，我们大概会说，这些是超自然现象影响的结果，然而对自然法则的科学认识会让我们意识到，没有任何一件事情是超自然的现象。所有现象的出现都有它们的原因，而这种原因必然是某种确定的法则或原理。这种法则或原理的使用——无论是有意识还是无意识地使用——一定是精确周密、一如既往的。

14. 最后，我们也许会说，当走到了"禁地"中，有一些东西是我们不应该了解的。这种反对意见在任何一次人类进步中都可以听到。那些将新思想提出的人，比如哥伦布、达尔文、伽利略、富尔顿、爱默生等都经历了这样的冷言冷语或是不幸逼迫。因此，这种反对的声音是不值一提的。不过，换个角度来说，我们应该仔细思考每一件吸引我们关注的事实，只有这样我们才能够更轻而易举地发现其中的基本规律。

15. 我们会发现，思想的创造力可以解释所有的经历或境遇，无论是物质的、精神的，还是心灵的。

16. 思想会带来与主导性精神状态相同的境遇。所以，如果我们恐惧疾病的产生（恐惧也是一种强有力的思想形式），疾病就会成为这种念头的决定结果。这种思想形式会使许多年的辛苦努力全都白白浪费。

17. 如果我们心中想要有一些看得到的财富，我们就会获得这些财富。把意念集中在需要的情境上，就会引发这种境遇，再将适当的努力奉上，就会推动并转换这种境遇，最终，对我们完成自己理想的境遇有很大帮助。但是，我们总是发现，得到自己想要的东西时，希望中的情绪却没有产生。这代表着满足只是短暂的，甚至可以说，所谓的满足与我们真正希望的恰恰是不一样的。

18. 那么，什么是这一过程的正确方法呢？要有怎样的意识，才能完成我们真正的理想呢？你和我的理想，我们全人类的理想，也是每一个人努力探寻的,就是幸福与和谐。如果我们可以掌握这个世界所能赋予的所有,就得到了真正的幸福。如果我们可以使其他人开心幸福,自己才能感受到真正的幸福。

19. 但是,如果我们不能拥有健康,不能拥有力量,不能拥有知己好友,没有令人开心的境遇,吃不饱穿不暖,我们又怎么会高兴得起来呢?我们不仅要满足自身的日常所需,还要拥有所有的舒适奢华——这些都是我们完全有资格获得的,只有这样,我们才能拥有幸福和快乐。

20. 传统保守的思维方式如同一条"虫"一样,对自己所应该得到的那一份感到满意,无论它到底怎么样。而当代的思想是:要了解我们被赋予了天地万物间最优质的一切,了解"天父与我合二为一",并且了解"天父"就是宇宙精神,就是创造者,就是所有物质的起始。

21. 现如今,就算我们明白这些在理论上都是对的,两千年来一直接受这样的教导,并且这些理论也是所有宗教或哲学体系的精华所在,我们又如何在生活中将其运用起来呢?我们怎么才能很快看到实际可见的结果呢?

22. 第一步,一定要将我们的知识加以运用。所有的完成都来源于实践。运动员一辈子可能要学习很多体育训练方面的理论知识,但如果他不在实际的训练中付出大量的精力,那么他永远也不可能得到更加强壮的身体。他最终得到的与他的付出绝对成正比关系。而付出在前,得到在后。

同样的，我们付出越多，最终得到的也就越多，也一样是付出在前，得到在后。我们将会获得成倍的回报，而付出仅仅只是一个精神过程，因为思想是因，情景是果。所以，只要将各种有益的思想付出，就像勇气、激情、健康，就将点燃"因"的导火线，对应的结果就必然会产生。

23. 思想被称作一种精神活动，是拥有创造性的。但是不要对此产生误解，如果思想不接受有意识的、系统化的、建设性的引导，就不可能产生任何创造。这就是幻想和建设性思想的区别，幻想只是将光阴虚度，将精力消磨，而建设性思想代表着永远没有尽头的成功。

24. 我们都知道降临到身上的所有境遇，都遵循着吸引力法则。不愉快的意识不能与愉悦的想法共同存在，所以，意识一定要先做出改变，当意识做出改变的时候，所有境遇都会对变化了的意识进行适应，而慢慢改变想法，在新的情形之下顺应新的需求。

25. 在精神图景或理想被创造的过程中，我们就在创造万物的宇宙物质中将意念投射上去。宇宙物质是无所不在、无所不能、无所不知的。怎么可以告诉一个什么都知道的人应该如何达成我们的愿望呢？有局限的人怎么可以领导没有界限的上帝呢？这就是失败的"因"，是所有失败的"因"。我们知道宇宙物质是存在于各个地方的，但它不仅仅是存在于各个地方的，也是对全知和全能的事实表示接纳的。所以，就常常会将我们自己什么都不知道的"因"的导火索点燃。

26. 通过对宇宙精神的无限能量和无限智慧的领悟，我们能够将利益以最优的方式保护着。宇宙精神的无限能量能够帮助我们实现愿望。这意味着认知带来现实，因此，你们需要完成的内容是，将这个原理使用起来，认识到你是整体的一部分，在本质和属性上你和整体都存在一致性，只有一点可能存在的差别是程度上的不同。

27. 当你的意识被这种伟大思想开始渗透的时候，当你真正地开始领悟到你（不是你的身体，而是你的自我），你心中的"我"，那个可以思考的灵魂，是这个伟大整体不能被割裂的组成部分。从本质、种类和性质出发，创造者所赋予你的与他本身不存在任何区别，你也可以这样阐述，"我与天父合二为一"，你将开始感受到：一切美好、壮丽、奇迹般的际遇，都对你的吩咐马首是瞻。

第14堂课
远离负面思想

　　永远不要对境遇表示不满。你不断在负面的境遇中将思想集中，这种环境就会逐渐形成，最后会成为成功和幸福的绊脚石。面对生活，你要乐观向上，乐观向上，再乐观向上。让明朗、清晰、坚实、笃定充满你的思想，永不改变！

　　到目前为止，你已经在学习的过程中知道，思想是一种精神活动，所以被赋予了创造力。但这并不代表，只有某些思想才具有创造力，而是代表着所有思想都具有创造力。负面的影响也会被这个法则引导，特别是在"拒绝、不承认"的心理过程中。

　　行为与精神联结的两个阶段是意识和潜意识。潜意识和意识的关系就与风向标和天气的关系一样。大气的细微变化也会导致显意识层中对应部分的改变，其变化与显意识想法以及满足的强度都成正比。

因此，如果你对那些令你不开心的境遇不认同，你就从这些境遇中将思想的创造力收回。它们被你斩草除根了，你在让它们的活力逐渐变弱。

请记住：针对客体的每一个行为都不可避免地被生长规律所控制，所以，不要认同你自己对环境的不满。一棵斩草除根的植物，依旧会保持青翠的本色，但是没过多久就会枯萎，最终慢慢消失。因此，从对不满环境的思考中撤离你的思想也是一样的道理，这样做效果会很慢，但一定会让这些境遇终止。你将发现与我们需要使用的方式相比，这是一个截然相反的过程。因此，它所造成的结果也是截然不同的。

那些令人产生不满的情境会让所有人集中注意力，因此集中这种精力就将十足的能量和活力赋予了那些负面的境遇，给它们创造了快速成长的条件。

1. 宇宙能量没有限制，它是所有运动、光、热、色彩的起源，与此同时它又是所有结果的源头，更在所有结果之上。所有力量、智慧和才智的起源是宇宙物质。

2. 对这种智慧进行了解，就是要将这种精神的本质认识清楚，进一步将宇宙的本质了解透彻，让自己的所有属性都和它保持和谐的关系。

3. 这些，就算是最渊博的自然科学大师都不曾试验过的——这是一种他自己都不曾领受过的认知。根据客观情况来看，这是大多数唯物主义的学校都从未领受过的认知，大多数唯物主义的学校都不曾领受过其中的智慧之光。他们从没有发现，智慧就如同能量和物质，是存在于各个地方的。

4. 有些人会说，如果真是这样的话，为什么不能将它证实呢？如果这一基本原则明显是准确无误的话，为什么我们不能得到完美的结果呢？不，我们得到的正是"完美"的结果，所有结果与我们对基本原则的了解程度以及我们使用基本原则的能力一定是正向关系。众所周知，在没有人将电的规律总结出来并将使用方法教给我们之前，我们也一样毫无办法从电的规律上总结出任何结果。

5. 我们与外部环境之间因为它将不一样的关系建立了起来，我们因为它将以前从未有过的机会的窗口打开了，是通过我们崭新的心灵状态中油然而生的一连串规律的法则而将这种关系建立、将这扇窗口打开的。

6. 精神是具有能动性的，这一法则的基础是完美且合乎情理的。在万物的本质中都蕴藏着精神，然而这种创造性能量并不在个体中产生，而是在宇宙中产生——它是所有能量和物质的起点和源泉，而所有个体只不过是宇宙能量的分流渠道而已。宇宙创造那么多各式各样的组合，所以有了不同现象的产生，这些正是通过个体来完成的。

7. 我们知道科学家已经把物质分解成无穷无尽的分子，这些分子又分解成原子，原子又分解成电子。在含有熔化的硬金属接线端的高真空玻璃管中，我们观察研究了电子，有力地证明电子充满了整个空间；万物之中也存在它们的身影，它们存在于各个角落。它们充满了所有物质，将我们本来认为是真空的区域都占满了。这，就是诞生并发育万物的宇宙物质。

8. 如果电子不遵照指令组成原子或分子，它就一直是电子，而精神是用来发出指令的。

9. 众所周知，氢原子是最小的原子，氢原子的重量是电子的1700倍。一个水银原子的重量是电子的30万倍。作为纯粹负电荷的电子，既然电子和其他所有的宇宙能量，就像光、热、电能、思想（189380英里/秒）一样在速度上拥有相同的潜力，那么所有时空都不足挂齿了。

10. 有一件非常有意思的事。一个名叫罗默的丹麦天文学家，1676年在研究木星月食现象的时候，将光速测了出来。当地球处于离木星最近位置的时候，木星月食的出现比之前预计的时间提前了八分半钟，但是当地球处于距离木星最远位置的时候，木星月食的出现比之前预计的时间延后了八分半钟。罗默由此得出结论，其中的原因是从木星而来的光线需要耗时17分钟从地球轨道半径穿过，这就是导致地球与木星距离不同的原因。这个结论后来得到了证实，表明光的运动速度约为186282英里/秒。

11. 电子在人体内的表现和细胞是有相似之处的，它们拥有足够让自己在人的躯体内将各种功能充分运转的精神和智慧。细胞组成了身体的每一个部位，有些细胞独立行动，另一些则是一群群集合在一起。有些细胞在人体组织构成这件事上忙碌着，另一些则在人体所需的各种分泌物活动的构造方面工作着。一些是物质的运输工，另一些是将创伤恢复原样的外科医生。还有一些是清道夫，主要工作就是将垃圾搬运出去，还有一些负责防御工作，对侵略者或病菌的攻击进行抵挡。

12. 所有的细胞共同构建着同一个生命体，但是每个细胞都在各司其职，展现着自己的能力，并且代代传承。因为不同的细胞工作内容不同，它们所需的养分也各不相同，所以大家在日常摄取营养的时候也要注意均衡，各种营养都要有所摄入。

13. 产生、繁殖、死亡和被分解的过程是所有细胞都要体验的。保持生命与健康基础的原因就在于这些细胞的新陈代谢。

14. 所以，精神都蕴含在身体内的每一个原子中。这种精神是负极，而人类思考的能量能够让它变成正极，所以人可以对这种负极精神进行掌控。这就是超验疗法的科学阐述，它让每一个人都可以明白这种神奇现象的道理。

15. 这样的负极精神，在身体每一个细胞之内蕴藏着，潜意识精神是它的名字，因为显意识不知道它的行为。但我们清楚，这种潜意识是可以对显意识做出回应的。

16. 精神是所有事物的源头，内心思想的产物是表面现象。我们知道，万物的起源都不在自身，它们不过是虚幻的，很难长久维持下去。既然它们是思想的产物，也可以被思想消除。

17. 在精神领域，人们也在进行尝试，就如同在自然科学领域做实验，每次发现都让人朝着可能的目标迈进一步。我们意识到，每个人一生所坚持的思想可以将自己完全展现出来。他的思想在他的外貌、形体、性格、遭遇上，都烙下了印记。

18. 在任何一个"果"的后面都存在一个"因"。如果我们追根究底，找到它的起源，就会发现它起源于创造原理。现在的证据不胜枚举，这项真理已经被很多人知道。

19. 有一种肉眼不可见，目前为止还不能对此进行解释的能量控制着客观世界。从古至今我们都将上帝作为这种能量人格化的称呼。但是，我们现在已经懂得把它看成遍及万物的精神实质或原理——那就是无穷或广泛的宇宙精神。

20. 宇宙精神是无穷的、万能的，它的资源无穷无尽，我们不要忘了，它也是存在于各处的，如此我们就不能回避这样一个结论，那就是我们自身肯定是宇宙精神的显示或展现。

21. 经过了解和领悟潜意识的精神资源，我们会得知有一个唯一的区别存在于潜意识和宇宙之间，那就是程度的差异化。你可以将它们的不同看作一滴水珠和海洋的区别。它们有着完全相同的种类和性质，唯一的区别就是程度的不同。

22. 能不能认识到这个事实的重要性，是不是充分理解对这个事实的认知，可以将你和全能者的联系建立起来。潜意识是宇宙精神和显意识之间的连接通道，显意识可以自发地对思想进行引导，而潜意识可以在行为中注入思想，这一点不是显而易见的吗？既然潜意识与宇宙融合为一个整体，那么它的活动就是无边无际的吗？

23. 将这个原理进行科学的认识，就可以把依靠祈祷而获得神奇结果的原因解释清楚。上帝的眷顾并不是通过这种方式获得这样结果的原因，而是因为自然法则完美运行的结果。所以，这没有任何神秘的或是宗教的成分蕴含其中。

24. 还是有许许多多的人不愿意进行这种必不可少的正确的思维锻炼，就算事实是显而易见的——错误的思维将带来失败的恶果。

25. 思想被称作独一无二的现实，环境也只是外在的表现。思想一旦发生变化，任何外在的物质环境也会出现变化。所以，要与它们的创造者保持协调统一，而思想就是这位创造者。

26. 然而思想必须是明朗、清晰、坚实、笃定，永不改变的。你不可以前进一步后退两步，更不该浪费二三十年的时间把你的一生建立在作为负面思想之结果的负面环境之上。更何况，这些负面环境和思想绝不可能仅仅通过15分钟、20分钟的正确思维就彻底抹除掉。

27. 如果你的目的是让人生发生彻彻底底的变化，以这种必须完成的训练进行下去的话，你就一定要自发地去做，仔细思考、全面考虑这个问题。同时，不能让其他任何问题成为你选择的干扰项。

28. 这样的训练，这样的思想转变，这样的心态，会带给你让你感到非常满足的物质财富，同时也会从整体上带给你健康的身体，以及和谐的环境。

29. 如果你对生命中和谐的环境有所期待，你首先应该将一个和谐的内在世界建设起来。

30. 你的内在世界折射出你的外在世界。

31. 你需要完成的作业是，在对"和谐"的融会贯通上细心研究。我曾提到的"专注"，代表着"专注"的所有潜在意义。要专心致志、热切诚心，直到你除了"和谐"对其他都完全不了解。不要忘记在学习中应用，在应用中学习。如果只是看看这些教程，你将不会有任何进步，对它的实际应用才是它真正的价值所在。学会将你的大门关闭，不要让你的心灵、你的工作、你的世界被一切不能给你的未来带来明显的好处但又尝试获得进门许可的东西进入。

乔治·马修·亚当斯在这个硕果累累的年代，在每一个领域都拥有非常活跃的思想，然而对于这塑造一切的思想，我们一定要在科学的范畴里找到答案。

第 15 堂课
训练我们的洞察力

洞察力属于人的心灵能力，通常情况下，人可以借助洞察力完成长远视角问题的思考以及对形势的观察。它能帮助人们识别所有事情中的困难，实现对有利时机的把握。洞察力可以帮助人们提升应对困难的能力。当各种问题尚未对人的某些计划产生实质性影响前，人们可以成功地跨越它们。洞察力赋予了人们权衡利弊、妥善规划的能力。它可以指引人的思想、注意力向正确的方向发展，避免了很多弯路。

雅克·洛克是洛克菲勒研究所的博士，在研究中，他将植物中的寄生虫作为研究对象，通过实验发现，即便是生物界位于最底层的生命同样具备适应自然法则的能力。

"为了顺利地获取实验所需的材料,他将盆栽的玫瑰放置在房间中,关闭了前面的窗子。当实验中的植物枯萎了,寄生于植物上的蚜虫最初是没有翅膀的,但是它们会随着植物的枯萎而长出翅膀,成为完全意义上的昆虫。完成蜕变的蚜虫会离开这株植物,飞向窗口,并在玻璃窗上寻找出口。"

由此不难看出,蚜虫已经意识到自己赖以生存的环境——植物已经死亡,它们已经无法再从这株植物上获取自己所需的食物供给。本能让它们选择逃离饥饿,想办法让自己活下来。那么它们唯有长出临时性的翅膀,才能脱离这死亡的植物,因此它们真的就这样做了。

大量类似的实验证明,全知全能的力量随处可见,即便它们是微小的生命,同样可以在紧急关头激发并成功利用这种力量。

在第15堂课的论述中,我会为大家讲述更多的生命法则,包括众多法则运用对人类的益处。人类经历的所有境遇、景况都是自身造就的,人类的收获将与其努力成正比。当人类能够与自然法则达成一致,那么自然会获得较多的快乐与幸福感。

1. 我们生活在自然多样化的法则中,它们都是为了我们的利益而被设计出来的。这些法则具有恒久不变的特点,所有人都无法脱离其作用。

2. 所有伟大且永恒的力量,都在寂静中发挥其作用,而我们能做且必须做的是,与它们建立合作,达成和谐一致的关系,由此表现出生命的祥和、快乐。

3. 所有的困难、混乱、障碍都说明我们将面临两种情况：第一，不同意将自己的多余之物馈赠他人；第二，拒绝承认我们的所需。

4. 成长是一个新陈代谢的过程，没有最好，只有更好。成长是有条件的，因为我们每个人都是一个完美的思维实体，而这种完美要求我们先付出，再索取。

5. 如果我们固执地抓住已有的东西不放，就不可能获得我们所缺乏的东西。当一个人开始认识到吸引我们注意力的目标是什么时，就有可能有意识地控制我们的外部环境，并从每一次经历中汲取进一步成长所需的养分。这种能力决定了我们实现和谐与幸福的程度。

6. 攫取我们生长所需养分的能力，会随着我们境界的提升和视野的开阔而逐步增强。随着这种能力的增强，我们就能够识别我们一切需要的所在，吸引它们、吸收它们。这样，来到我们身边的一切，就正是我们生长所需的。

7. 我们遇到的所有情况和经历都对我们有利。在我们能够从中汲取智慧、获得进一步成长的养分之前，困难和障碍就会接踵而至。

8. "种瓜得瓜，种豆得豆"的规律就像数学一样精确。我们为克服困难付出多少努力，就会从困难中获得多少永恒的力量。

9. 生命的成长是一种不可动摇的必然，它要求我们尽最大努力去吸引那些与我们完美契合的东西。认识到自然规律并有意识地与之合作，我们就能最大限度地获得幸福。

10. 只有在爱中诞生的思想才能充满生命力。而爱是情感的产物。因此，情感应该由智慧和理性来引导和控制。

11. 爱赋予思想以生命，使思想发芽生长。万有引力定律就是爱的定律，两者合二为一。万有引力定律为思想的成熟和结果带来了必要的原料。

12. 思想的最初形态是语言或话语，它决定了思想的重要性。思想通过语言表现出来——语言像桶里的水一样承载着思想。语言以声音的形式，向他人再现思想。

13. 思想会导致各种行为，但无论哪种行为，都只是思想试图以可见的形式找到自己的表达方式。因此，要想获得合意的境界，首先要有合适的思想。

14. 这就得出了一个无法回避的结论，如果我们希望生活富足，首先要对好的生活有所向往。而话语是思想的表现形式，我们的言谈也必须特别谨慎，应该只说建设性的、和谐的话，而当这些最终成为客观现实的时候，对我们会大有益处。

15. 我们无法回避头脑中不断捕捉的图像，而使用语言的过程也是捕捉图像的过程。当我们口不择言，说出有悖于我们福祉的话时，那种错误观念的影响也会被记录下来。

16. 我们的思想越清晰、越有品位，我们的生命就越能得到体现。我们运用的语言形象越清晰，属于低级思想的错误观念就会逐渐被摒弃。

17. 我们需要通过语言表达我们的思想，如果要应用更高的真理，那么当我们说话时，我们也必须根据这一目标明智地选择恰当的词语。

18. 这种以语言形式组织思想的惊人能力，是人类与动物最大的区别。通过使用书面语言，人类可以回顾几个世纪以来激动人心的场景，看看他们是如何取得今天的成就的。

19. 通过文字，人类得以与有史以来最伟大的作家和思想家交流，我们今天所拥有的文字是在人类头脑中形成并寻求表达的宇宙思想的综合记录。

20. 语言是思想，是一种无形的、不可战胜的力量。它们被赋予怎样的形式，最终也会在客观存在中怎样实现。

21. 言辞可以成为不朽的精神殿堂，也可以成为经不起风吹的简陋居室。言辞可以悦耳动听，也可以包罗万象。从言辞中，你可以找到过去，看到未来，对未来充满希望。言辞是充满活力的使者，人类和超人类的一切行为都由此而生。

22. 言辞的动人之处在于思想之美。言辞的力量在于思想的力量。思想的力量存在于思想的生命之中。我们如何认识什么是有生命的思想？它有哪些显著特征？其中一定有规律可循。我们怎样才能认识到这种规律？

23. 数学有定理，错误无算法。真理是有原则的，谎言是不准确的。健康有其规律，疾病则相反。光明有光明的法则，黑暗没有道理。财富有准则，贫穷无规律。

24. 我们如何知道这些真理是正确的呢？因为——如果我们正确地运用数学定理，就能得到准确的结果；有健康的地方，就没有疾病；如果我们知道什么是真理，就不会被谬误所欺骗；有光的地方，就有光明。哪里有光明，哪里就没有黑暗；哪里有富裕，哪里就没有贫穷。

25. 这些都是不言而喻的真理，但人们往往忽略了一件极其重要的事情。真理是：所有有理可循的思想都是有生命的，因此它可以生根、成长，并最终不可避免地排挤掉负面思想，因为所有错误的思想都是没有生命的。

26. 这一事实可以帮助你摧毁一切困惑、匮乏和限制。

27. 毫无疑问，那些"智慧足以理解"的人（语出《旧约·耶利米书》第9章，但我们在此没有引用通用译本），很快就会意识到，思想的创造力在他手中放置了一件无敌的武器，使他成为命运的主宰。

28. 自然界有一个能量守恒定律——"一个地方有多少能量，其他地方就会损失多少能量"。这告诉我们，有得必有失。如果我们决定做某件事情，就必须做好准备，为该行为及其所有影响承担责任。潜意识不具备推理能力。我们让它做什么，它就做什么；我们想要什么，它就会照此去做；我们得到什么，它也会得到什么。我们自己做枕头，然后睡在枕头上。我们自己制作模具，自己构思蓝图，而潜意识则将我们的蓝图付诸实现。

29. 因此，我们应该锻炼自己的洞察力，让我们的心从物质、精神中解脱出来。

30. 洞察力是一种心智能力，凭借这种能力，我们能够放眼长远，观察局势。它是专属人类的望远镜。

31. 洞察力让我们做好了应对障碍的准备。在这些障碍具体化为足以阻挡我们的困难之前，我们就已经越过了它们。

32. 洞察力能让我们权衡利弊，妥善规划。它将我们的思想和注意力引向正确的方向，以免误入歧途而无所收获。

33. 所有伟大的成就都离不开洞察力，在洞察力的帮助下，我们可以进入、探索并占有一切精神高地。

34. 洞察力是内心世界的产物，可以通过在"寂静"中集中注意力来培养。

35. 本周你的任务是关注"洞察力"。还是在你原来的位置上，关注这样一个事实：创造性思维并不意味着掌握了思维的艺术。思维的艺术将思维保持在这样一个起点上，知识本身并不会应用自己。我们的行动不是取决于知识，而是依赖于积累的习惯、风俗和先例。运用知识的唯一途径是"下定决心，自觉努力"。回想一下，未使用的知识会从大脑中溜走，信息的价值在于对原理的应用。按照这个思路走下去，直到你的洞察力足以让你将原理应用到自己的具体问题上，并制订出明确的方案。

第16堂课
将你的理想视觉化

　　世间的一切都离不开人的用心营造。你是否尝试过让自己对事物整体图景进行描述？你是否做到将轨迹刻录进自己的大脑，每当你闭上眼睛，就可以清晰地看到火车在轨道上飞驰而过，听到火车的汽笛轰鸣？如果你可以做到这一切，恭喜你，你具备了把握所有事物的能力，成功将一路伴随你。

　　地球的律动具有周期性规律。只要是有生命的物质，都有其生长周期，即诞生、成长、结果、衰亡。而此周期由"七律"所统治。

　　"七律"管理一周中的七日，更管理着月相、声音、光、热、磁场，甚至管理着原子结构等。换言之，它管理着个体生命，决定着国家的兴盛衰败，也拥有商业世界的多样化活动的最终统治权。

生命的重点在于成长，成长的重点在于改变。所有的七年循环，基于人类视角来讲，无疑是崭新的。人生的首个七年是人类的幼年时期，后续的次个七年是人类的青春时期，进入到第四个七年后，人类将迎来自己生命的完全成熟。当人成长到35~42岁时，也就进入人的第五个七年，即人类的建设时期。此阶段是多数人获取财富、收获成就、拥有住宅、建立家庭的时期。基于此时期的特点，还可将其称为人类的反应阶段与行动阶段。在此阶段，人将会面临较多的变化，包括重组、调整以及恢复。再向后的一个七年，人类将步入知天命的年龄，由此开始了人生的七七循环阶段。

大多数人坚信整个世界会迈出第六个周期，正式进入第七个阶段，就是前文论述过的调整、重构以及恢复阶段，也就是通常所讲的"千禧年"。凡是可以透彻明了此循环圈的人，在遇到阻力时多不会产生负面情绪，而是懂得运用课程中讲述过的原理，认识认知法则之上的最高法则，并凭借自身对精神法则的理解、感悟展开自主运用法则的过程，对所有表面上的困难进行转化，从全新的视角获得幸福感。

1. 财富是劳动的产物。万事离不开因果，基于财富视角来讲，资产无疑是果，而非因；资产是仆人，而非主人；资产是手段，而非目的。

2. 基于财富视角来讲，可以对其进行具有普遍意义的定义：财富不仅包括所有体现交换价值的物品，还包括对人有切实意义、可以令人愉悦的所有物品。其中财富表现出的支配属性，也是其交换价值的体现。

3. 财富为其拥有者带来的不仅仅是快乐，更多的是蕴含其中的交换价值，而非其实用性。

4. 财富的交换价值体现的是其媒介属性，它可以帮助人获取现实理想中所需要的、真正具有价值的东西。

5. 永远不要把财富看成终点，而要看成通往"道路"尽头的途径。一个人真正成功的标志是拥有比积累财富更崇高的理想。任何渴望成功的人都应该树立为之奋斗的理想。

6. 心中有了这样的理想，就能找到实现的方法和途径，但不能把方法当成目的，把途径当成终点。一定要有一个具体的、固定的目标，也就是理想。

7. 普仁提斯·马尔福德曾说："成功的人也是那些有着最高精神领悟的人。一切巨大的财富都来源于这种超然而又真实的精神能量。"但很不幸，有很多人不认识这种能量。他们可能不记得了——安德鲁·卡耐基全家刚刚来到美国时，他的母亲不得不去帮人做事来养活一家人；哈里曼的父亲是一个穷职员，年薪只有200美元；托马斯·利普顿勋爵从25美分起家。这些人没有什么财富权势可以指望，但这并没有成为阻挡他们成功的障碍。

8. 创造力完全来自心灵的能量。它有三个步骤：理想化、形象化和具体化。在《人人》杂志的一篇文章中，石油大亨、亿万富翁亨利·M. 弗莱格勒揭示了自己成功的秘诀，那就是全面看待事物。以下这段与记者的对话表明了他是如何运用精神能量的：

9. "你有没有向自己描述过事物整体的图景？我是说，你是否做到了或者能否做到闭上眼睛，就看见轨道，看到火车在轨道上飞驰，听到汽笛呜呜的轰鸣声？你是否做到这些了呢？""是的。""有多清晰？""非常清晰。"

10. 在这里，我们看到了定律。我们看到了"循环因果原则"。我们知道，思想必然先于行动并决定行动。如果我们有足够的智慧，我们就能认识到一个重要的事实，即任何情况都有其原因。因果循环是和谐的。

11. 成功的商人往往也是理想主义者，不断追求更高的标准。生活正是我们日常心态中一点一滴的思想结晶。

12. 思想是一种可塑的原材料，我们可以用它来构建生命成长概念的图景。对它的使用，决定了它的存在。无论你想完成什么，了解和正确使用它都是必要条件。

13. 财富来得过快，反而是灾难和屈辱的开始。因为如果我们不配得到它们，或者如果它们不是我们努力的结果，那么我们就不可能永久拥有它们。

14. 我们在外在世界中的种种际遇，都可以在我们的内在世界中找到对应的境况。这一点是由引力法则决定的。那么，我们该怎样决定应该让哪些事物进入我们的内在世界呢？

15. 无论是通过感官还是通过客观意识，进入我们心灵的一切，都会在我们的心灵中打下印记，形成精神图景，而精神图景正是创造性能量的生产模式。这些经历大部分是外在环境、际遇、过往的思虑，甚至是其他负面思想的结果，因此在进入我们的心灵之前必须经过仔细的分析验证。另外，我们也可以自主地创造精神图景，通过我们内在的思维过程，而无须顾虑其他，诸如外部环境、种种际遇等。通过运用这种力量，我们必将掌握自己的命运、身体、精神和心灵。

16. 通过运用这种力量，我们可以把命运紧紧地掌握在自己的手中，并且有意识地为自己创造出我们渴望得到的阅历。因为，如果我们有意识地实现某种境遇，这种境遇最终会在我们的生活中发生。因此，归根到底，思想是生命的原动力。

17. 所以，把握思想就是把握环境、机遇，就是创造条件、掌握命运。

18. 我们如何能够控制思想呢？过程是什么呢？思维就是创造性思想，但是思想的结果取决于它的形态、性质和生命力。

19. 思想的形态取决于产生思想的精神图景，精神图景取决于心灵烙印的深度、思想的决定性优势、视觉化的清晰度以及图景中的胆识和气魄。

20. 思想的本质取决于其组成部分,即思想的组成部分。如果心灵的组成部分是勇气、胆识、力量和意志,那么它所产生的思想也是如此。

21. 最后,一个想法的生命力取决于它在萌发时的感受。如果想法是建设性的,它就会充满活力,充满生机;它就能够成长、发展和壮大;它就会具有创造性;它就会汲取一切成长所需的东西。

22. 如果思想具有破坏性,那么它本身就包含着分裂自己的毒菌。思想会消亡,但在消亡的过程中,它会给我们带来疾病、痛苦和其他形式的不和谐。

23. 这就是我们称之为"恶"的东西,当我们自己招致这种"恶"的时候,有些人倾向于把这一切的困厄都归因于超自然的神灵,但这所谓的超自然的神灵不过是处于平衡状态的"心智"而已。

24. 它既不好,也不坏,它只是存在而已。

25. 我们把它分化为形态的能力,就是我们彰显"善"和"恶"的能力。

26. 因此,"善"和"恶"并不是实体,它们只是被用来描述我们行为结果的词语,而我们行为的结果又是由我们思想的本质所决定的。

27. 如果我们的思想是建设性的、和谐的,我们就表现为"善";相反,如果我们的思想是破坏性的、不和谐的,我们就表现为"恶"。

28. 如果我们想要展现一个完全不同的环境,过程无非是这样:在脑海中坚持一个理想，直到脑海中的愿景变得清晰。不要考虑人、地点或事物，这些都不是绝对的。你所渴望的环境本身就包含了所有需要的东西，合适的人和合适的事物会在合适的时间和合适的地点出现。

29. 这时候，我们可能说不清视觉化的力量是如何控制我们的环境、命运、性格、能力和成就的，但这绝对是科学的事实。

30. 你很快就能看到，我们的思想决定着我们的心灵状态，而反过来我们的精神状态又决定着我们的能力和心智能量。接下来你会懂得，随着我们能力的提高，自然会带给我们各种成就和收获，也使我们能够更好地控制环境。

31. 因此可以看出，自然法则的运行是完美的、和谐的，一切看起来"不过是发生了"而已。如果你需要证据，那么就回想一下你自己生命中的种种奋斗努力吧！当你的行动朝着一个高尚的方向努力的时候是怎样的，当你怀着自私自利的动机之时又如何？你还需要更多的证据吗？

32. 如果你希望实现你的梦想，那么，在你的心灵中绘制一幅成功的画面吧！有意识地视觉化你的愿望。这样，你将推动成功的进程，通过科学的手段实现它。

33. 我们只能看到客观世界中存在的东西，却看不到精神世界中已经存在的东西。如果我们忠实于我们的理想图景，那么它就是我们客观世界中将要发生的事情的重要标志。原因很简单：视觉化的画面是一种想象。

这种思维过程会在头脑中形成印记，而这些印记又会形成想法和理想，接着又形成计划——伟大的建筑师正是通过这些计划来构建我们的未来的。

34. 从心理学家的结论来看，感觉以外的所有能力都体现了感觉的变体。掌握了这一观点，也就更容易解释"感觉是一切能量的源泉"的说法，以及"感情很容易战胜理智"的说法。简而言之，当一个人希望得到某种理想的结果时，他的思想就会与他的情感密不可分地联系在一起。

35. 当然，视觉化的运用是以受到意愿引导为前提展开的。人在其内心形成视觉化的东西体现的正是人的预期。基于此理论，人应该具备掌控自身想象力的能力，切勿无止境地放纵。想象力对人来讲好似一个优秀的仆人，切勿让其成为糟糕的主人，除非可以对其进行有效控制，不然它会左右人的思想，使人陷入各种不切实际的结论中。加上人不具备分析检验的习惯与能力，人的心灵非常容易受到各种不确定因素的影响，最终导致精神错乱。

36. 因此，我们亟须构建起科学性强且正确的精神图景。对所有理念必须经过透彻的分析，将所有非科学的东西摒弃。当你尝试这样去做，你就可以避免将更多的精力浪费在无关紧要的事情上，而是高效地完成所有具有切实意义的事情，成功将一路伴随你。这也是对商人所言——"远见卓识"最好的诠释。它与洞察力的相似点非常多，是所有事业获取成功的基础与关键。

37. 你的作业是，让自己对一个重要问题有系统的认知：和谐与幸福属于精神状态，它的获取与物质占有关联不大。人需要用心营造所有事物，因为收获的结果是由人的心态决定的，良好的心态注定有好的收获。所以，人在希望获取物质时，首先要做到对其的高度关注。那么又如何让人保持可以取得理想结果的良好心态呢？要想拥有良好的心态，则要求我们必须对精神实质有正确的认知，并正确领悟人与宇宙精神合而为一的真谛。这种领悟可以帮助我们获取满足感。这体现的是一种思维方式，具有科学性和正确性。当我们达到了此高度的精神状态后，那么所有愿望就不难实现了，会如同发生了的事实一般。当我们努力遵循原则行事，不难发现"真理"会给予我们"自由"，让我们远离匮乏、局限。一个人有能力构想一颗星，放飞它的同时，还可助它运行于自己的轨道之上。

第 17 堂课
渴望是希望的前提

渴望的萌生是不受任何外力阻挠的，其自身具有不可抗拒的磁力，它可以成功吸引知识与智慧，并让其与你常伴且为你所用。渴望越强烈、越持久，你在获取的过程中就越是明白且可以成功避免错误。由此也使你拥有了与世间所有力量相抗衡的能力。

一个人会对某个"神"有崇拜感，无论这种感觉是自觉的还是不自觉的，都是此人心智状况的反映。当你向印度人询问"神"的问题时，他会将"神"描述成显赫的部落神武酋长。当你向异教徒询问"神"的问题时，他会将其与火君、河伯等联系起来。

当你询问以色列人"神"的问题时，他会告诉你摩西之神，摩西认为上帝即为神，具有强化统治的能力。因此，摩西之神为"十诫"。除此之外，他还会告诉你约书亚之神，是这位神率领以色列人攻城略地、抢夺财物，最后将所到之处夷为平地。

我们是生活于21世纪的现代人，尊崇"爱的上帝"。这是理论层面的认知，基于实际层面来讲，我们塑造了自己心目中的偶像，即"财富""权力""时尚""习俗""传统"等。很多人已经"拜倒"在它们的面前。我们把更多的意念集中于此，而它们也未曾辜负我们，在我们的生命中越来越具体化。

在学习了第17堂课的内容后，相信大家不会再混淆表象与现实，会明确所有"因"的同时，也不会忽略所有的"果"。你关注的生活现状也绝对不会让你失望。

1. 众人知晓，人类具备"支配万物"的能力。而此支配权的实施需要建立在精神基础之上。思想属于活动方式，它对人的行为起着管控的作用。最高级的行为模式直接决定了其本质、属性都会处于更高的位置，因此必然会同所有的环境、面貌甚至是与之联系的万事万物存在着密切关联。

2. 精神力量产生的振动是纯粹的，因而也属于现有力量中强度较大的。当人正确认识了精神力量的属性后，所有物质力量都是渺小的，甚至可以忽略不计。

3. 人类受到惯性思维的影响，通常会透过五官镜头审视整个宇宙，所以，人类社会中形成了人、神的观念。但是真正的观念需要通过精神洞察力才能有效获得。这种洞察力的运用需要通过精神振动作为加速度，其发展方向会表现为对某一方向的持续、全力的精神意念，最终方能获取洞察力。

4. 持续的意念集中意味着不间断的、平衡和连贯的思维流动，需要在一个持久、有组织、稳固和有弹性的系统中才能完成。

5. 伟大的发现都是持久观察的结果。学习数学科学需要日复一日精神集中，并要掌握其中的原理。而研究精神科学——一门最伟大的科学——也只有通过集中意念才能揭示其中的奥秘。

6. 集中意念经常受到误解。似乎有一种看法，认为集中意念需要的是努力去做什么，但事实正好相反。一个好的演员能取得成功的关键是他能在扮演角色的过程中忘却自己的身份，而让自己与所扮演的角色完全融为一体，并用真实的表演来打动观众的心。这很好地说明了什么是意念的集中。你应该完全沉浸在你的思想中，沉迷于你所关注的主题，以至于忘却其他一切不相关的事情。如此集中意念会引发直觉的感知，以及直接的洞察力，让你能看透你所关注的客体的本质。

7. 一切知识都是这样意念集中的结果。就这样，我们得知了天堂和世界的奥秘；就这样，你的心灵成为一块磁石，你求知的渴望就是不可抗拒的磁力，吸引住知识和智慧，并让它们为你所用。

8. 渴望大多是下意识的。有意识的渴望很少能在客观世界中实现，除非渴望触手可及。潜意识的渴望会激发大脑的能力，使难题迎刃而解。

9. 意念集中能激发意识，引导其行动方向，推动其实现我们的意图。意念集中的练习包括对物质、精神和身体的控制。所有的意识模式，无论是物质的、精神的还是身体的，都必须在你的掌握之中。

10. 因此，控制因素在于精神原则；精神原则能让你从有限的成就中解脱出来，使你达到将思维模式转化为性格和意识的境界。

11. 专注并不意味着考虑某些想法，而是将这些想法转化为实际价值。凡人不知道专注思想的真正概念是什么。总有人在喊"我想要什么"，却从未听到有人说"我是什么"。他们不明白，这两者是相辅相成、密不可分的；他们不明白，在拥有"额外的东西"之前，必须先拥有能够容纳这些"额外的东西"的"位置"。一时的热情是没有价值的，实现目标需要极大的自信。

12. 把理想定得太高，可能会发现心有余而力不足。想要展翅高飞，但很可能在高飞之前就摔了个大跟头。但是，这一切都不能成为不再尝试的理由。

13. 软弱是精神成就的唯一障碍。你的弱点可能是身体上的限制，也可能是精神上的不确定状态，请再试一次！反复练习最终会让你获得完美的自在感!

14. 天文学家把注意力集中在恒星上，发现了天体的奥秘；地质学家把注意力集中在地下地层的形成上，我们就有了地质学；万事万物都是如此。显而易见，正是因为人们把注意力集中在生活问题上，我们才有了今天庞大而复杂的社会结构。

15. 所有的精神发现和精神成就都是热切渴望与专注意念的结果。渴望是最强大的行为模式之一。渴望越强烈、越持久，发现就越是简单明了。渴望，加上意念的集中，有助于我们与自然界的一切秘密较劲。

16. 在实现伟大思想的过程中，在体会与这些伟大思想相吻合的伟大情感的过程中，心灵处于这样一种状态：它能够欣赏更多事物的价值。

17. 一段时间内高度集中的意念，加上对获取和实现的持久性愿望，可能比长年累月被动、缓慢、例行公事的努力更有效。它可以打开疑虑、软弱无力和自卑的枷锁，让人感受到征服的喜悦。

18. 坚持不懈有助于培养你的聪明才智和进取精神。商业课程非常强调集中注意力，鼓励性格中果断的一面。商业活动培养人的实际洞察力和迅速做出结论的能力。在每项商业活动中，精神因素都占主导地位，愿望是一种先决力量。所有商业关系都是理想的具体化。

19. 商业行为中可以培养很多坚定的、重要的美德。心灵在商业活动中稳固、定向地成长，精神活动的效率不断提高。最重要的是心灵的成长，这使得精神不会受到无缘无故的干扰和本能冲动的左右。心灵的成长是自我从低层向高层迈进过程中的胜利。

20. 我们都相当于发电机，但发电机本身什么也不是。只有心灵才能使它运转，使它产生效力，使它产生的能量明确有效地集中。心灵是引擎，它的能量是前人所不敢想象的。思想是全能的力量。它是一切形态的创造者，一切外部事件的统治者。和思想的全能力量相比，物质力量简直微不足道，因为思想是人用来支配一切自然的力量。

21. 思想的力量并不神秘，集中思想不过是将意识集中到与关注对象融为一体的程度。就像身体需要摄取食物来维持生命一样，思想也需要摄取它所关注的对象，使其获得生命和存在的本质。

22. 如果你把注意力集中在重要的事情上，直觉的力量就会开始发挥作用，帮助你获得成功所需的信息。

23. 依靠直觉解决问题，往往不需要凭借经验或是记忆就可以获得答案，这通常超越了理性能力的范畴。直觉常常令你惊喜万分，往往会出其不意地直接击中我们寻求了许久的真理，让人感觉它似乎是来自更高层次的力量。直觉是可以培养、可以开发的。为了培养直觉，有必要认识它、欣赏它。如果直觉来你这里"做客"，要给予它一个皇室般的接待礼仪，这样它还会再次光临。你的接待越是热情，它的光临就越是频繁。如果你对它不理不睬或视而不见，它的拜访就会越来越少，与你渐行渐远。

24. 直觉通常是在"沉默"中获得的。伟大的思想往往喜欢独处。有关生命的许多重大问题正是在沉默和独处中得到解决的。因此，所有有能力的商人都有一个不受外界干扰的独立办公室。如果没有这样的条件，至少也可以找一个地方，每天独处几分钟，在那里训练自己的思维，从而培养自己的能力，一种让自己立于不败之地的能力。

25. 请记住，从根本上看，潜意识是无所不能的。当潜意识被赋予行动的力量时，它所能做的事情是无限的。你能做到什么程度，取决于你的潜意识给了你多少无敌的勇气。

26. 你取得的每一次胜利，跨越的每一个障碍，都会让你对自己的力量更加充满信心。这样，你就会有更大的力量去赢得更多的胜利。你的勇气取决于你的精神状态，当你表现出成功自信的精神状态，充满不屈不挠的信念时，你就会从肉眼看不见的地方汲取无声的力量。

27. 只要对你心灵中的想法始终不渝，它就会逐渐在客观世界中成形。明确目标，本身就是一个动因，它在不可见的世界中为你寻找到实现目标所需的一切材料。

28. 你正在追求的，可能是力量的符号，而不是力量本身。你可能在追求名声，而不是荣誉；你可能在追求富贵，而不是财富；你可能在追求地位，而不是支配权。在这些情况下，等你刚刚追上它们的时候，你就会发现，这些都不过是过眼云烟而已。

29. 来得太早的财富或地位必不能持久，因为它不是你辛苦挣来的。我们有舍才能有得，而那些不想付出只想收获的人往往会发现，循环因果的原理在无情运行，付出与回报保持着精准的平衡。

30. 金钱以及其他一些纯粹的力量符号，往往是人们竞相追逐的对象。如果我们能够认识到力量的真正来源，就可以忽略这些符号。就像一个拥有巨额支票的人，会发现口袋里装满黄金纯属多余。同样，寻找到力量的真正源泉的人，也不会再对力量的赝品或伪造品感兴趣了。

31. 思想往往会带来外部世界的变化，但如果思想的矛头指向内心世界，思想就会把握万物的基本准则，就能领悟万物的核心和万物的精神。如果能把握万物的本质，就能比较容易地理解万物，使万物服从自己。

32. 究其根本在于，事物的精神实质事实上就是事物本身，属于它的核心部分，是真实存在的。外部形态不过是内在精神的外在显现而已。

33. 你即将完成的练习是，在透彻了解本堂课所讲方法的基础上，对其高效运用，将自己的心神意念集中起来，不要为了实现目标而行动。重要的是让自己完全放松下来，因为力量来自完全放松的你。然后通过对目标的凝神思考，直到你的意念与其合而为一，你也就不会再意识到其他东西的存在了。

34. 如果你试图摆脱恐惧，那么请将意念集中于勇气上。

35. 如果你试图摆脱匮乏，那么请将意念集中于富足上。

36. 如果你想摆脱疾病，那么请将意念集中于健康上。

37. 永远将意念集中于你的目标上，将尚未实现的目标视为既成的事实。它是一颗生命力顽强的种子，是诱发和推动"因"的生命法则，在这些"因"的作用力下，完成必要因素之间关联的构建，并从物质形态上最终实现目标。

第18堂课
神奇的吸引力法则

中国有句俗语叫"种瓜得瓜，种豆得豆"，意思浅显易懂，你的收获直接取决于你播下的种子。生活也是同理，最终的结果取决于你最初的梦想。试想，当人有非常强的消极思想，其收获自然是无望的；反之，当人的思想是积极向上的，那么后续得到的结果自然是完美的。

生存并不那么一帆风顺，所以我们亟须获取生存资料。这与吸引力法则有直接关联，并由其决定。正是此法则，将个体与宇宙区分开来。

当一个男人既不是丈夫也不是父兄，同时他也不关心社会经济，更不关心政治，那么他就属于抽象理论上的人，不仅如此，他还注定一无所有。基于此，人的存在，关键点在于他与整体之间的关系，在于他与其他人之间的关联性，更在于他与社会之间的联系。诸多联系构建起他的环境，而这种构建途径是唯一的。

由此不难看出，个体不过是宇宙精神的分化，此宇宙精神，将"照亮世界上的所有人"（语出《新约·约翰福音》第1章第1节）。而宇宙中所讲的个体化、人格化事实上反映的是个体与整体之间的关联方式。

1. 世界上的思想观念并非一成不变的，它属于动态变化的过程。此变化如今正发生在每个人的身边，并成为自"异教"灭亡后，这个世界所经历的最重要的思想变革。

2. 在此革命过程中，对其产生影响的人不分国籍、肤色，包括上层、有教养的人群，同时还包括底层的劳动阶级，这无疑是人类历史上前所未有的。

3. 社会飞速发展，众多的资源可能都被揭示出来，非常多不为人知的力量被世人看到。科学家们在理论定义方面的工作越来越难展开，同理，对于某些理论的否定也不那么容易，直接将其称为绝无可能。

4. 全新文明的诞生，预示着较多习俗、教条、残暴都将退出历史的舞台，取而代之的是信念、眼界、服务。人类开始审视传统，取其精华去其糟粕，在此过程中，人们的思想获得了解放，真理以全新的姿态出现在人们面前。

5. 整个世界正处于觉醒的前夜，它将带来新的力量和意识，一种来自我们内心的新力量，一种对它的新认识。

6. 物理科学已经把物质分解为分子，把分子分解为原子，把原子分解为量子。在安布罗斯·佛莱明爵士看来（这在他给英国皇家学院的上书中提到），剩下的事情，就是要把能量分解为精神。他说："能量，对终极本质而言，只有当它表现为我们所说的'精神'或'意志'的直接运转时，方可被我们所理解。"

7. 这种精神是居住在我们内心的终极能量。它存在于物质也存在于心灵。它就是维持一切、使生命能量充满且无处不在的宇宙能量。

8. 所有生命个体都依靠这种无所不能的智慧生活。我们发现，人类个体生活中的大部分差异都是由他们在多大程度上能够体现这种无所不能的宇宙智慧所决定的。正是这种智慧使动物比植物高一级，人类比动物高一级。这种逐级提升的智慧在人类身上的表现形式就是人类个体对自身行为模式的控制以及根据环境调整自身的能力。

9. 所有伟大的思想都专注于这个调适过程，而所谓的调适不过是对宇宙精神现有秩序的认知。我们必须服从宇宙精神，只有这样宇宙精神才会听命于我们。

10. 对自然法则的认知使我们能够跨越时空的距离，使我们能够在高空之上翱翔，也能让钢筋铁骨在水面上漂浮。智慧的程度越高，我们越

第 18 堂课 神奇的吸引力法则

是能够理解这些自然法则，就能拥有更大更强的能力。

11. 正是因为人类能够认识到，人类自我是宇宙智慧的个体形式。因此，人类就能够控制那些没有达到这种自我认知程度的个体。他们还不知道宇宙精神无处不在，并随时做好行动的准备，他们还不知道宇宙精神能够对一切需求做出回应，因为宇宙精神本身也遵从着自身存在的规律。

12. 思想是具有能动性的。这一法则建立在合理可靠的基础上，借着万物的内在本质就可以认识到。然而这种创造力并非源自人类个体之中，而是来源于宇宙。宇宙是一切能量与物质的源泉，而个体不过是宇宙能量分流的渠道而已。

13. 宇宙中不同个体创造出各种不同的组合，因此出现了各种现象，这些现象都遵循振动原理。所谓振动原理，是指原始物质以不同的频率运动，它所创造的新物质在振动频率上与原始物质严格一致。

14. 思想是一种看不见的联结，它使个体与宇宙、有限与无限、有形与无形的领域联系在一起。人类能够从思想、感觉、行动上获得知识，这些都是思想的魔力。

15. 有了合适的仪器，人们就可以用肉眼探索到数百万英里之外的世界。同样，人类在正确理解的帮助下，可以与宇宙精神建立联系，而宇宙精神正是一切力量的源泉。

16. 仅有理解是不够的。认识的过程就好比一个内部没有录像带的录像机。所谓的领悟不过是一个信念而已，除此之外什么也不是。食人族也有他们的信念，但那种信念又有什么用呢？

17. 只有那些能够在实践中得到检验和证明的信念，才是对人有价值的信念。经过验证的信念就不再仅仅是信念，而是活生生的信仰和真理。

18. 这一真理已被成千上万的人验证过，只需要通过适当的方法加以应用。

19. 人类总是在想象数亿英里之外的星球，没有足够放大倍率的望远镜是不可能实现的。因此，科学在不断发展，更大、更清晰的望远镜也被研制出来，人类对天体的了解也越来越多，并不断获得巨大的收获。

20. 人类对精神世界的认识也是如此。人们在与宇宙精神及其无限可能性建立联系的方法和手段方面取得了巨大进步。

21. 宇宙精神通过"吸引力法则"在客观世界中显现。每个原子都对其他原子产生无限的吸引力。

22. 正是通过这种吸引和结合的法则，万物才得以相互联系。这一原则具有普遍意义，是产生一切现有结果的唯一途径。

23. 生长力可以通过宇宙原理得到表达，这种表达最为美丽壮观。

24. 为了满足生长需求，我们不得不持续获取生长所必需的营养，但是，我们在任何时候都是一个完整、完美的实体，这决定着我们在付出之后才会有回报。基于此，成长的基础是互惠行为条件。我们还知道，基于精神层面来讲，同类事物之间会相互吸引，而受精神振动的作用后，会对与它们达成和谐一致关系的振动做出回应。

25. 很显然，富足的想法仅对类似的意念产生回应。因此得出，人的财富与其内在的理论相一致。内在的富足是实现外在富足的关键，更是其秘密，它会对众多外在财富产生吸引力，使它们从各个方位、各种途径来到你的身边。人类真正的财富资源与人类的生产能力有着密切关联。一个人如果在工作中可以全身心地投入，那么他未来的发展不可估量，成功也会陪伴其左右。同时还会进入良性循环，不断付出的同时，不断得到，直接决定了其付出越多，收获也就越多。

26. 看看活跃在华尔街的金融大亨们，看看那些行业领袖、著名律师、杰出政治家、作家等，他们始终都在想如何为人类谋福祉。

27. 思想属于一种能力，其效能的激发需要借助于吸引力法则的运行，然后体现为客观世界的繁荣与富足。

28. 宇宙精神属于静态精神或物质，其主旨在于维持平衡状态。我们的思考能力可以对宇宙精神进行形式上的分化。由此表现出精神的动态阶段，即思想。

29. 力量的大小取决于人对力量的认识。当人不具备运用力量的能力时，自然就会失去力量。当人不认识力量，又怎么知道如何运用它呢？

30. 在精神力量的运用过程中，其关键在于意念的集中。意念集中的程度会直接决定我们获取知识能力的强弱，而知识是力量的代名词。

31. 意念集中的能力是所有天才必备的素质。该能力需要后天通过训练、实践进行培养来获取。

32. 注意力可以高度集中，最直接的动机是兴趣，兴趣点越高，人的注意力就会越集中。当人可以保持注意力集中，事实上是对其浓厚兴趣的影射，这也是作用与反作用的结果。让我们从注意力的集中开始做起，这样，会有效激发我们的兴趣，再受到自身兴趣的反作用力，使注意力越来越集中，如此循环往复下去。通过这样的实践练习，可以不断培养我们集中注意力的能力，并不断提升此能力。

33. 这一堂课，需要你将注意力放在自己的创造力方面。不断探索自己身上的洞察力、感知能力，为你心中的信仰探寻出正确的逻辑基础。让思想可以基于事实之上，人的生存、行动等都离不开空气的支撑，即满足人的呼吸需求，这样人才能活下来，才谈得上后续的行动。接下来，将思想停留于事实之上，人的精神的生存、行动也是如此，需要不断吸收更多微妙的能量，由此实现人的精神的不断延续。基于自然界的视角来讲，当缺失了播种，自然也就无后续的生命诞生与成长。同理，基于精神的视角来讲，播种是基础，后续才能谈到发芽、长大和结出果实。至于果实的质量，主要取决于种子自身的性质。基于此理论，你全部的境遇都是你对因果循环法则领悟程度的体现，这种领悟无疑成为人类意识的最高境界。

第19堂课
不要盲目，要知己知彼

一个人不应该让运气主宰自己的一生。做到这点并不容易，需要你拥有系统的知识。当你认识了越来越多的真理，未来的道路将是一片光明。

恐惧属于思想中较有力度的思维形式。它足以对人的神经中枢进行麻痹，对人体的血液循环造成影响，而这些会进一步影响人体的肌肉系统。所以，恐惧会对人的生命存续，包括对人的身体、人的大脑、人的神经产生影响。

当然，战胜恐惧并非不可能，当你拥有知识时，战胜恐惧并不困难。人们口中的"力量"到底是什么呢？我们并不清楚。目前有很多人并不了解"电"是什么。但是我们懂得在运用电的过程中遵循电的法则，因此电就为人所用，给我们的生活带来光明、使生产中的机器转动起来，始终服务于人的生活与生产。

生命力与电大致相同，尽管很多人无法正确解释它、理解它，但是我们清楚地知道，这是一种运行在生命体中的核心力量，需要严格遵守该力量的法则和原理，以此实现此生命能量的源源不断，从而发挥其效能，将人的精神、道德、心灵释放出来。

在这一堂课的论述中，讲了简单易行的方法，以此提升生命的潜能。当你可以将本课所讲的内容运用于实践中，那么你将收获力量，而这些则属于天才的必备素质。

1. 人们在追求真理的过程中，盲目性越来越少，取而代之的是系统化的展开，执行着符合逻辑的动作。所有经验的积累都会受到正确的指引。

2. 不断探索真理的过程，也是不断探索动因的过程。众所周知，人的所有经历都会有对应的结果，如果我们可以将所有经历的原因弄清楚，并对其成因进行有效控制的话，那么，所有经历、所有境遇就会被掌握在自己手中。

3. 此时，人生的经历不再是赌博，人更不是运气的奴隶，反之成为命运的主宰者。我们应该做人生的船长，掌控自己的人生船舰，或是像火车司机一样，掌控火车的方向、机遇。

4. 万事万物都可以归结到一个共同的成分中。因此，一切事物之间既有千丝万缕的联系，又都可以相互转化，而并不是站在彼此的对立面上。

5. 在物质世界中有着数不清的对立面，为了方便称呼，这些对立面被赋予不同的名字。一切事物都有颜色、形状、大小、两端。有北极，也有南极；有内，也有外；有肉眼能够看到的，也有肉眼看不到的。所有这些，都不过是对这些对立面的一种表达方式而已。

6. 一件事物的两个不同方面有它们各自的名称。然而，这正反两面是相互关联的，它们不是独立的实体，而是事物整体的两个部分或两个方面。

7. 精神世界的法则也是一样的。我们说到"知识"和"无知"，但无知不过就是知识的匮乏，因而不过是表达"缺少知识"的一个词，而它本身并没有任何法则。

8. 在道德世界中，我们也发现了同样的规律。我们谈论"善"与"恶"，然而，"善"是有意义的，是可以触摸感知的，而"恶"不过是一种反面的状态，是"善"的缺席。尽管有时候"恶"也是一种非常真实的存在，但它没有法则可循，没有生命，没有活力。我们知道这是因为它总是被"善"所摧毁。恰如真理摧毁谬误、光明赶走黑暗一样，当"善"出现的时候，"恶"就会消失。因此在道德世界中只有一个法则，就是善的法则。

9. 我们在心灵世界中也可以发现同样的道理。我们说到"物质"和"精神"，好像物质和精神是独立的两个实体，但是很明显，精神世界中也只有一个法则，就是精神法则。

10. 精神是真实的、永恒存在的。物质处在不断的变化之中，在无限的时间长河中，千年和一天没有什么区别。如果我们站在一个大都市中，让目光停留在数不清的宏伟建筑物上，看霓虹闪烁，看车水马龙，包括移动电话在内的数不胜数的现代物质文明，都不是一个世纪之前的人所能想象得到的。如果我们能够在一百年后站在今天所站立的位置上，就会发现今日所拥有的一切也已经消失得无影无踪了。

11. 在动物界，我们也能发现同样的变化。数以千亿计的动物来来去去，即便它们的生命只有短短几年。而在植物界，更是千变万化。在我们的想象中，也许会觉得在无机物的世界里，我们能找到更真实、更接近永恒的存在。但我们看到的却是沧海桑田，看似稳固的陆地，曾经是波涛汹涌的大海；矗立的高山，曾经是一马平川的湖泊；当我们站在优胜美地国家公园的大峡谷前，那是曾经吞噬一切的冰川后留下的痕迹，不禁心生敬畏。

12. 我们身处瞬息万变之中，知道这一切不过是宇宙精神的进化过程。世间万物都在这一过程中不断更新。我们知道，物质是从精神中借用的一种形式，一种条件。物质本身并没有什么原始法则可言，唯一的原则就是精神法则。

13. 因此，我们应该知道，精神法则是在物质、心理、道德和精神世界中运行的唯一法则。

14. 精神是静态的、静止的。我们知道，人的思维能力，即人对宇宙精神的作用能力，以及将宇宙精神转化为动态思维的能力。我们所说的动态思维是指精神的运动状态。

15. 为了做到这些，就必须有充足的动力燃料，食物是这些燃料的物质形式。一个人如果不吃东西，当然也就无法思考。这让我们知道，精神的行为——比如思维过程，如果不借助物质的手段，也就不可能转化为快乐和福祉的源泉。

16. 如果要将电能转化为动能，那么就需要一定的能量来产生电能。植物要茁壮成长，就需要阳光为其提供必要的能量。同样，人类要想思考，宇宙精神要想发挥作用，没有食物提供能量是不行的。

17. 你已经知道，思想不断地、永恒地在客观世界中形成，它一直在寻找表达方式。也许，你还没有意识到这一点，但你不能忽视这样一个事实——如果你的思想是积极的、强大的、建设性的，这将反映在你的健康状况、事业水平和生活状态中；如果你的思想总体状态是消极的、软弱的、破坏性的、濒临毁灭的，它同样会表现在你的身体上，给你带来恐惧、忧虑、紧张，表现在你窘迫的环境中，表现在你多灾多难的生活中，表现在不和谐的外部环境中。

18. 所有财富都是力量的产物。只有当财富拥有力量时才有价值。事件只有在影响到力量时才有意义。世间万物都以一定的形式和一定程度的力量表现出来。

19. 蒸汽、电力、化学力和万有引力的原理都反映了因果循环。它使人类能够大胆无畏地制订和执行计划。支配自然世界的原理被称为自然法则，但并非所有能量都是自然物质能量；精神能量也存在，那就是思想或心理的力量。

20. 为了运转那些笨重的机器，有许多发电厂为它们提供能源，并发掘出许多原材料，将它们转化为人类的日常需求，为人类带来舒适的生活。同样，精神发电厂也需要寻找原材料，并对其进行开发和培育，以便将其转化为远胜于一切自然力量的力量，尽管这些自然力量是神奇的。自然力量固然神奇，但精神力量难道不更伟大吗？

21. 对全世界成千上万个精神发电厂来说，他们要找的原材料是什么呢？是什么材质最终转化成能够控制其他一切能量的力量呢？这种原材料的静态形式，就是精神；而它的动态形式，则是思想。

22. 思想是一种正在发展中的、有生命的力量或能量。自上半个世纪以来，思想创造了无数让50年甚至是25年前的人绝对无法想象的奇迹。如果凭借50年内所组建的这些精神发电站就得到了这样的结果，那么50年后，还有什么是不可期望的呢？

23. 万物产生的本源是无限广阔的。我们知道，光的传播速度为每秒186282英里，有些星球上的光需要两千多年才能到达地球，而宇宙中到处都是这样的星球。我们知道光是以光波的形式传播的，如果光传播的以太是不连续的，那么光就不可能传播那么长的距离到达我们这里；现在，我们就能够得出这样的结论，这种物质——或者说物质产生的本源——是普遍存在的（编者注：现代科学认为，光的传播并不需要媒介，也就是说，作为光媒的"以太"应当是不存在的。但反过来，未来新的发现，也许会重新认识过去，发现一种隐藏的能量或物质来支持"以太"理论）。

24. 那么，它在形式上是如何体现的呢？在电学中，把电池的相反两极连接起来，就形成了电路，其中有电流通过，就产生了能量。任何两极都有类似的情况出现，又因为一切事物的外在形态都取决于它振动的频率，也就是其中的原子同其他原子之间的关系。如果我们希望改变客观环境中的表现形式，我们必须改变的是事物的两极。这就是因果循环的原理。

25. 你需要集中意念，全身心地沉浸在你思想的客体中，不受任何其他事物的干扰。每天花几分钟做这个练习。为了让身体获得充足的养分，你每天都要进餐，那么，为什么你就不能花一些时间来吸收精神食粮呢？

26. 让思想充分认识到一切事物的表象都是虚假的。地球不是方的，也不是静止的；天空不是巨大的穹庐，太阳也不是绕着地球运行；星星并不像我们所想象的那样，它只发出微弱的光芒；物质也并不像我们所认为的那样固定不变，而是处于永恒运动的状态中。

27. 请相信，这一天很快就会到来——现在正是拂晓时分——我们会知道越来越多永恒运行的宇宙原理，而所有的思想和行为模式都会据此做出迅捷的调整。

第 20 堂课
劳心者不劳力

人只有懂得思考,才能清楚地认识到自己的力量。你需要明白的是,如果你不想"劳心",必然就需要"劳力"。所以说,当人想事情不周全时,必然要付出更多的劳动来进行思虑不周的弥补,与此同时,收获与付出未必能成正比,即收获减少。世界上没有人知道上帝是否真的存在,与其相信上帝不如依靠自己来得实在。

长久以来,人们不断探究恶的起源。神学家们的解释是,神即爱,神遍布于宇宙中。如果此说法是真实的,上帝会无处不在。那么,邪恶、地狱又在哪里容身?让我们一起看看吧:神即灵。

这里所讲的灵,是指宇宙的创造性法则。人需要依照上帝的形象、样式进行塑造。基于此理论，人也成为精神的实体。

思考能力是精神的唯一属性，正因如此，思考属于创造性的动态过程。所有形态都是在思想发生的基础之上而形成的。

除此之外，外在形态的消亡同样属于思想发生的产物。虚幻的形态正是思想创造力产物的表现。当前形态的表现，无疑也是思想创造力的产物。

多样化的发明创造以及多种形式的组织结构，再或是建设性的活动过程，都形成于思想创造力的过程中，是其产物的一种表现形式。例如，集中意念的过程。

当思想创造力表现出有益于人类的结果时，我们会将此结果称为"善"。

反之，当思想创造力表现出无益于或有害于人类的结果时，我们会将此结果称为"恶"。

那么，这也就是所谓的善与恶的起源了。善、恶实质上是人们用于描述结果本质的代名词。但毋庸置疑的是，此结果无论是什么，一定形成于思考过程或创造过程，是其产物之一。

思想不可避免地会对人的行为产生影响，可能是预见，也可能直接决定其具体行为；而行为会对后续的境遇产生决定性作用。

在第20堂课中，我们会对此话题展开多维度阐释。

1. 精神即存在。精神一定是固定不变的、永恒存在的。你的精神就是你的真我体现。当人缺失了精神，那么人就什么都不是了。反之，当人可以充分认识精神及其各种可能性，那么它的活跃度就会越高。

2. 即使你拥有世界上的所有财富，但是你不了解财富的存在形式，更不懂得对其加以管理与利用，那么你拥有它并没有切实的意义。你的精神财富也是如此，当你不了解你的精神财富，不懂得管理和运用它，那么它的内在价值便无法被激活，它的存在也就不具有任何价值。所以，人获得精神力量的捷径是认识它和运用它。

3. 所有伟大事情的发生都与人的认知有关。意识好似力量的权杖，思想好似力量的信使，它们合力将人无法看到的内在世界打造成客观世界的环境与境遇。

4. 生命的意义在于思考，思考的结果在于获得力量。你的一生都在与思想和意识的神奇魔力打交道。如果你对这种你明明可以控制的力量视而不见、充耳不闻，会发生什么呢？

5. 如果你真的像上面所说的那样去做的话，你就会受到表面条件的局限，使自己成为那些"劳心者"役使的驮畜。因为他们懂得去思考，他们认识到了自己的力量；他们更明白，如果不愿"劳心"，就不得不"劳力"；想得越少，干得越多，收获反而越小。

6. 力量的奥秘在于对精神原则、能量、方法和精神产品的透彻理解，以及对我们与宇宙精神之间关系的充分认识。我们不能忘记，这一法则是不可改变的，否则它就不那么可靠了。因此，一切规律都是永不改变的。

7. 这种不变的法则对你们来说就是机遇。只有通过人类个体，宇宙精神才能有所作为。你是宇宙的活动通道，你是宇宙的动态属性。

8. 当你开始意识到宇宙的本质、精华就在你的体内——宇宙的本质就是你的时候，你真正的行动就开始了。你会感觉到自己的力量，就像一团火焰，点燃了你的想象力，点燃了激情的火炬。这股能量为你的头脑注入了生命的活力，并将你与宇宙无形的力量联系在一起。正是这种力量，让你能够毫无畏惧地制订计划，并勇敢坚定地执行计划。

9. 然而，唯有"寂静"才是这种感知力的源泉，也是实现一切宏伟计划的必经之路。你只是一个会想象的存在实体，而想象就是你的工作室。你的蓝图就是在这个工作室里构思出来的。

10. 要让这种力量显现出来，就必须对其本质有透彻的了解。你需要一遍又一遍地想象整个有条不紊的过程，直到你能够在任何需要它的场合运用它。随之而来的是无穷的智慧，那时你将时刻感受到宇宙精神的无所不能。

11. 我们或许不知道内在的世界是怎样的，它离我们的意识太过遥远，但它却是一切存在最根本的事实。如果我们学着去了解它——不仅仅是我们自己的内心，也包括所有的人、所有的事、一切存在与环境的内在，我们就会明白,"天国"就在我们自己心中。

12. 我们的失败也是这一原理。这原理是不可改变的,它的运行是精确无误的,从来不会出现偏离。如果我们的思考匮乏、局限、混乱,我们就会处处遭逢恶果;如果我们总是想一些与贫困、不幸、疾病有关的事儿,思想的信使也会像法院的传票一样把这些劫难带来。果之于因,如影随形;根源无他,都在我们的思想之中。如果我们恐惧灾难,那我们就会像"约伯"一样哭号:"我所恐惧的降临到我身,我所惧怕的迎我而来。"(语出《旧约·约伯记》第3章第25节)如果我们的思想冷酷无情或愚昧无知,我们同样也会把这些无知的结果召唤到我们身边。

13. 这种思想的力量,如果能被正确理解并加以运用,会成为人类梦寐以求的最强大的省力工具,但如果被误解或使用不当,就很可能带来灾难性的后果。有了这种力量,我们就可以自信地去做一切看似不可能的事情,因为这种力量是所有灵感和天才诞生的秘密所在。

14. 拥有灵感意味着打破常规,摆脱世俗,因为非凡的结果需要非凡的手段来完成。如果我们能认识到万事万物的统一性,意识到一切力量都源于内心,我们就能找到灵感的源泉。

15. 灵感是摄取的艺术,是自我实现的艺术,是个体精神根据宇宙精神做出调整的艺术,是运用适当的机制运行一切能量的艺术。这种艺术能使无形转化为有形,使个体成为宇宙间无限智慧流通的渠道。这是一门尽善尽美地构思设想的艺术，一门实现无所不在的全能力量的艺术。

16. 我们应该接受并掌握这样一个事实，即无限的力量无处不在，因此，它既存在于无限微小的事物中，也存在于无限广阔的事物中。理解了这一点，我们就能汲取这种力量的精髓。同时，我们需要知道，这种力量是一种精神，因此是不可分割的。这样，我们就能随时随地了解它的存在。

17. 我们要先从理性上理解，然后再从感性上接受，它将使我们能够汲取《圣经》的无穷力量，它将使我们能够从无穷力量的深海中啜饮。仅仅理性地理解是没有用的。情感应该发挥作用。没有情感的思想是冰冷的。思想与情感的结合才是必要的。

18. 灵感来自内心，"安静"必不可少。首先，放松肌肉，静止感官，进入休眠状态。当你有一种平衡感和力量感时，你就准备好接收信息、灵感或智慧了，而这些对你实现目标至关重要。

19. 不要觉得这些方法与巫术是一码事，其实两者毫无共同之处。灵感是一门接受的艺术，能给你的生活带来无穷的益处。在生活中，你能做的最重要的事情就是理解和使用这种看不见的力量，而不是让它们成为你的主人和统治者。力量意味着服务，而灵感暗示着力量。认识并运用这一灵感法则，会给你带来超人的力量。

20. 每次呼吸的时候，我们都可以获取更丰富的能量，如果我们有意识地带着这种意图进行呼吸的话。"如果"是一个非常重要的前提条件，因为目的意图掌握着精神注意力。如果不是有意识地去做的话，那你实现的结果就和别人没什么不同了。这就是"供应等于需求"的道理。

21. 为了获取更多的供应，你的需求也应该增长，如果你有意识地增进你的需求，供应就会随之而来，你会发现，你正在进入越来越丰富的生命、能量与活力的供应之中。

22. 其中的道理一点儿也不难懂，如果你能把握住它，就会发现这其实是生活中最伟大的现实之一。

23. 有人告诉我们："我们活在他的里面，存在于他的里面，也在他的里面运动。"并告诉我们，这个"他"就是灵，"他"就是爱。因此每当我们呼吸的时候，我们吸纳到体内的都是这种生命、这种爱、这种灵。这就是"气能"，或者叫"气以太"，它的存在无时无刻不可或缺。这就是宇宙能量，这就是太阳丛的生命。

24. 当我们呼吸的时候，把空气吸入我们的肺部，同时吸入了这种"气能"，让生命本身注入我们的体内，因此我们有机会与"全部生命""全部智慧""全部物质"建立起联系。

25. 能够意识到自己与宇宙法则之间的关系，知道自己与宇宙法则是和谐的，让自己学会有意识地与宇宙法则保持一致，你就能掌握从疾病、匮乏和限制中解脱出来的解放法则。归根结底，这意味着你将能够呼吸到"生命的气息"。

26. 这种生命气息是超自然的。它是"真我"的精髓、纯粹的本质或宇宙存在。如果我们能有意识地与它和谐相处，就能让它生根发芽、茁壮成长，并控制这种创造性能量的发挥。

27. 思想是创造性运动的一种形式，环境的生成取决于我们的思想。我们必须"是"什么，才能"做"什么。我们"做"的程度也取决于我们真正"是"什么。因此，我们的所作所为完全符合"存在"的本质，而"存在"取决于"思想"。

28. 每当你进行思考，你就开动了因果循环的列车，你所创造的环境完全与产生它的思想状态相吻合。思想如果能够与宇宙精神保持一致，那么就会引发相当好的结果。而破坏性的或是混乱不堪的思想都可以运用，永恒不变的规律不会允许你"种瓜得豆"。你可以随心所欲地运用这些神奇的创造力，但一切后果须得自负。

29. 这就是"自由意志"带来的危险。有些人可能会认为，他们可以通过意志的强制作用迫使法则改变。通过"意志力"，他们可以"种瓜得豆"。然而，创造力的基本原理是普遍存在的。因此，想通过个人意志的力量使宇宙力量符合我们的愿望是一种扭曲的想法，可能这种理念会在一段时间内取得成功，但最终会失败——因为它与它所追求的宇宙力量相冲突。

30. 强迫宇宙向你妥协不过是个人的一厢情愿，这种以有限对抗无限的做法无异于螳臂当车。只有有意识地与不断前进的宇宙整体协调合作，我们才能最大限度地把握永恒的幸福。

31. 从现在起，进入"寂静"状态，专注于这一真理——"我们生活在它里面，我们存在于它里面，我们在它里面发挥作用"，这是绝对准确的！你的存在是因为它的存在。如果它无所不在，那么它也一定在你里面。如果它是万有中的万有，那么你也一定在它里面！如果它是灵，那么你就是"照着它的形象和样式造的"，你和它在精神上的区别只是程度上的不同，而作为它的一部分，你的特性必须与它的整体一致。如果你能意识到这一点，你就会认识到善恶的根源，看到集中思想的神奇力量，找到解决所有问题的办法——无论是健康问题、收入问题还是环境问题。

第 21 堂课
不要限制你的想象

影响成功的因素众多，但是获取成功的秘诀之一就是大胆畅想，同时它也是通往胜利的捷径。那些拥有大智慧的人，通常会从大局展开思考。而那些能着眼于大局的人，才有可能获得成功。

很高兴可以进入第 21 堂课的讲解。在本课的讲述中，大家会学到：成功的秘诀之一，同时也是通往胜利的捷径，就是敢于畅想，做大胆思考的人。

在下面的论述中，大家会发现，曾经出现于我们意识中的所有想法，无论它们存在的时间长短，同样会在我们的潜意识中留下深深的烙印，由此构建起一种模式，我们的创造性能量，就是基于此模式完成我们生活和环境的编织的。由此让人们看到了其中神奇的祈祷力量。

通过前文的讲述，我们可以知道，宇宙的运行有其固定的法则。所有的结果都会有与其相对的原因。所以，当"因"相同，加之相同情境的约束，后续产生的"果"必然是相同的。当祈祷已经被应允过，那么只需要在合适的条件下，所有的祈祷一定会被应允。不用质疑，这一点是绝对真实的。不然宇宙将无法维持日月星辰的有序运行，取而代之的是空虚与混沌。当发出的所有祈求都能够得到答复，那么这种答复必定是遵循法则的体现。这种法则具有绝对性、准确性与科学性，就如吸引力法则、电力法则那样。当人们可以透彻地理解这些法则时，就会摆脱迷信与盲从，从而树立起人世间的科学观念。

然而，非常遗憾，懂得祈祷的人并不多。多数人对于定律法则的认知仅局限于数学、物理、化学方面。不知道是什么原因让他们忽略了精神法则，事实上，精神法则与各种定律法则相同，同样具有确定性、科学性、严谨性。它们精准无误的同时又亘古不变。

1.宇宙精神的存在不受任何条件的约束，所以，只要我们可以清楚地意识到自己与宇宙精神达成统一性，那么，外界的阻力、影响对我们来讲就不再那么重要了。当我们可以解放自己，从原来的条件、局限中走出来，重新获得自由，那么我们可以随心所欲的同时，也获得了真正意义上的自由！

2. 当人可以认识到来自世界的力量是取之不尽、用之不竭的，那么人就拥有了从中汲取的能力——源源不断地获取力量与勇气，借助它们，为自己创设出更多更好的机会。所以，无论我们意识到什么，这种意识都能在客观世界中得以彰显，并通过有形的方式进行表达。

3. 究其根本在于，万物产生的根源是无限精神，它属于完整且不可再分的整体，所有个体都属于此永恒能量实施分流的渠道。我们的思考能力事实上是我们作用于宇宙物质的能力，我们大脑中形成的所有想法，都形成于我们对客观世界的创造中。

4. 这个发现不能不被称为奇迹。这意味着，从精神层面上来讲，这无疑是将无边无际的可能性蕴含其中。当你意识到此能力后，你就好比具备了线路的性质，可以将普通的电线直接连接到带电的线路中。而宇宙此时就好比那个带电的线路。它的能量可以为你源源不断地输送能力，让你有足够的能力应对生活中多样化的问题。当个人的精神可以与宇宙精神接轨，那么就可以完成所有能量的顺利接收。这就是内在世界作用的体现。所有科学都认可世界的存在，所有力量都来自我们对世界的认知。

5. 从不尽如人意的境况中解脱出来的能力取决于精神行为，而精神行为又取决于对力量的感知。因此，我们越是认识到自己与一切力量之源的统一，就越有能力控制和驾驭一切外部环境。

6. 大的想法往往会摧毁小的想法，因此，你可以持有足够大的想法来抵消和摧毁所有小的、不好的绊脚石。它将你带入一个更加开放的思想领域，而当你的思维能力变得更加开放时，你就能让自己处于一个更好的位置，去完成一些有价值的事情。

7. 这是成功的诀窍之一，是通往最终胜利的路径之一，也是创造者的大智大勇之一。有大智慧的人总是想得很远。精神的创造能量在应对大环境时并不比应对小环境时更困难，它总是举重若轻，化难为易。它存在于"无限大"和"无限小"之中。

8. 当我们认识到这些精神事实时，就会理解我们是如何将意识情境带入客观世界的，这样，任何在意识中存在了一段时间的想法最终都会在潜意识中留下印记，并转化为一种创造性的能量，渗透到个人的生活和情境中。

9. 我们所遇到的环境就是这样的结果，我们的生活不过是我们思想和头脑的反映。我们知道，正确的思维是一门科学，而这门科学涵盖了所有的学问。

10. 研究这门科学，我们就知道，任何想法都会在大脑中留下印记，这种印象创造了精神倾向，而精神倾向又创造了性格、能力和意图。性格、能力和意图的综合作用，决定了我们在生活中所遭遇的一切经历。

11. 这些经历正是通过吸引力法则的作用，在我们的身上显现出来的。

正是在这一法则的作用下，我们在外在世界中所经历的一切，都与我们的内在世界相一致。

12. 主导性的思想或心境就像一块磁铁，只不过它遵循的是"同性相吸"的法则，因此心境总是会吸引那些与其特性相符的外部环境。

13. 这种心态也就是我们的人格，是由我们自己头脑中所产生的想法组成的。因此，如果我们希望自己的境遇发生改变，唯一要做的就是改变我们的想法，这反过来会改变我们的心态，改变我们的人格，从而也就改变了我们在生活中遭遇的人和事、环境和经历。

14. 不过，改变心态并不是一件容易事，但通过坚持不懈的努力，还是可以实现的。当我们的头脑中摄入精神图像的时候，精神状态就形成了。如果我们不喜欢目前的图像，我们可以剔除其中有负面作用的成分，创造新的图像，这就是视觉化的艺术。

15. 当你完成了这一步，你就开始将一些新的东西吸引到自己身边了，这些新的事物是与你脑海中新的图景相吻合的。这样做：把你理想中的一幅完美画面印到你的心灵中，这幅画面应该是你希望在客观世界中实现的，在你的心灵中保存这幅图画，直到它变成现实。

16. 假如实现一个人的心愿需要这个人拥有决心、能力、天赋、勇气、力量或其他精神能量，那么这些也应该是你精神图像中的基本要素。请你将它们牢记于心，它们是精神图像中很关键的要素，是情感与理智的结合。

它们将创造出无法抗拒的魔力，带给你所需要的一切。它们将为你的精神图像注入活力，而活力意味着成长，一旦开始成长，就必然会实现实际的成果。

17. 不管你做什么，都应该毫不犹豫地去追求能够达到的最高境界，因为精神力量时刻准备对你施以援手，只要你有坚强的意志，努力把这种至高的追求转化为行动、造化与实践。

18. 这种精神能力如何发生作用，与我们的习惯是如何养成的非常类似。我们做一件事情，反反复复去做，这件事情就会变得轻而易举，甚至是习惯成自然。而要改掉那些坏习气，道理也是一样的。只要我们不再做某事，一而再，再而三地避免它，直到我们完全从中解脱出来。如果我们偶尔失败跌倒，也绝不应该丧失信心，因为这个法则是绝对的、不可战胜的，它相信我们的每一次努力、每一次成功，即便我们的努力和进步并非总是一帆风顺。

19. 这条法则可以为你做任何事情。大胆地相信你自己的理想吧！要记住，人的天性是能够被理想塑造的，你只要把理想当作既成事实去实现它。

20. 生命中唯一的战争就是理念的斗争，这是少数与多数的斗争。一方是建设性的、创造性的思想，另一方是破坏性的、负面的想法。创造性的思想受理想的支配，消极的思想受表象的支配。双方各有势力，有科学家、文学家和实干家。

21. 站在创造性思想一方的，代表性人物就是那些在实验室里或是通过显微镜和望远镜观察世界的人，与他们并肩而战的是商界、政界以及科学界的权威人士。而在消极的一方，代表性的人物就是那些花费时间研究传统和习俗，错把神学当宗教的人，还有那些错把权利当权力的政客，以及成千上万喜欢先例胜过喜欢进步的芸芸众生，他们总是向后看而不是向前看，总是注意到外在世界，却对内在世界一无所知。

22. 对于每个人来说，如果不是在这一边，就一定在另一边。要么倒退，要么前进。对于一个运动中的世界来说，根本不可能停滞不前。正是那些不思进取、停滞不前的企图，才使得那些专横跋扈、极不公平的陈规陋习有了保障和力量。

23. 我们正处在一个急剧变迁的时期，无处不在的动荡局面就是明显的例证。人类的诉苦声就像是天空中一连串的滚滚雷鸣，一开始是低沉而凶险的闷响，逐渐地，声音越来越大，穿过层层乌云，闪电划破长空，照彻大地。

24. 在工业、政治和宗教世界的前沿巡逻的哨兵们焦虑不安地相互问候：今夜如何？（语出《旧约·以赛亚书》第21章）他们所占据和努力坚守的阵地时刻面临着危机和风险。新时代的曙光必将到来，现有秩序的时日也将屈指可数。

25. 新旧制度之争是社会问题的症结所在，完全是人类智慧对宇宙本质的信仰问题。当他们认识到宇宙精神的超凡力量存在于每个人的心中时，他们就可能制定出尊重多数人的自由和权利而不是少数人的特权的法律。

26. 反对的声音此起彼伏，但是，只要人可以坚信宇宙能力属于非人类的能力，是对人类来讲非常陌生、非常遥不可及的能力，少数特权就可以借助神权，完美地确立并稳固他们的统治权。所以，民主的真实要义，在于对人类精神的神圣性的完美解读，并对其不断提升，能够透彻理解所有能量都源于内在的道理。所有人的权利都是均等的，不存在无缘无故的某人的权利多于其他人的说法，除非人们自发地将某种权利授予某个人。在体制中我们可以相信，即使是立法者也不得凌驾于法律之上。将"神的选择"宿命论进行制度化后，特权与个人不平等表现出的所有形式都是罪恶的，其根源正源于此。

27. "神的精神"体现的是宇宙精神。没有例外可言，更不允许偏爱的存在。它的作为不受情绪的影响。它更不会沉迷于别人的恭维或甜言蜜语之中。它不会因为同情心所动，更不会结合人的想法分享幸福。宇宙精神对所有人都是平等的。但是，如果谁可以透彻理解自己与宇宙精神的同一性，宇宙精神就会垂怜于他，因为他发现了一切健康、财富、力量的源泉。

28. 你本堂课的作业是，努力学习真理。努力认识真理，它可以让你拥有自由，当你具备了运用此科学思想观、精神法则的能力后，你就已经踏上了通往成功的道路，一路上你将畅通无阻。需要特别指出的是，你需要用自己内心的力量让所处的外部环境具体化。切实认识到"寂静"的效能——提供随时可用且无穷无尽的机遇，使你可以更系统、更透彻地认识真理。不但对其可以深入领会，还能认识"全能力量"本身就是绝对寂静的道理，因此，人在实现意念的高度集中后，进入"寂静"之境，实现对世界神奇的潜在力量的探索、激发、彰显，使自身内在的神奇世界的潜在力量得以充分发挥。

第 22 堂课
时刻更新自己

人们目前所表现出的性格、状况、优势,甚至健康状况,都是过去习惯性思维方式结果的体现。积极的结果是在积极思维的作用下获得的。因此,当我们希望拥有健康和充沛精力时,就应该让健康和精力充沛的想法成为我们的主导思想。

在第 22 堂课中,我们会讲到思想是精神种子的理论,如果将种子植入潜意识的土壤中,它会开始发芽、不断长大。但最后获得的果实不一定会尽如人意。

多种形式的炎症,会导致人的体温升高,严重时会出现精神麻痹、神经过敏等问题,最终导致疾病缠身。事实上,这些都是人的恐惧、焦虑、苦恼、忌妒、怨恨心理所致。

生命系统的构建是通过两个独立程序作为支撑的：第一，充分吸收、高效利用物质的营养，完成细胞的建造；第二，对身体废物进行分解与彻底排泄。

所有生命都是建立在这些建设性和破坏性活动基础上的，在人体细胞的构建过程中，有多样化需求，包括最基础的食物、空气、水，由此看来，人想要延年益寿，并非难事。

令人不解的是，生命系统的第二道程序，即破坏性活动，是多数疾病的根源，仅有少数例外。它会导致人体内物质垃圾的持续堆积，并逐渐渗透到机体组织的细胞中，引发人体或某一器官的慢性中毒。当出现某一器官中毒后，直接的表现是人体不适，而人体发生慢性中毒后，才导致人体整个身体机能出现问题。

那么，现在我们需要面对的问题是，人患病后想恢复健康，就需要增强整个机体的生命流量和供给。此时，人需要通过意念将恐惧、焦虑、苦恼、嫉妒、怨恨等不良情绪彻底清除才能做到。正是这些破坏性的想法摧毁着人的神经和腺体，而那些毒素、垃圾的清除离不开这些神经和腺体。

在讲究养生的今天，不得不说单凭"营养食品""滋补品"根本无法实现人的延年益寿，因为它们针对的仅仅是生命的次要现象。既然提到了生命的次要现象,那生命的主要现象又是怎样的呢?在第22堂课中,我们将重点讲解。

1. 知识本身是无价的,人可以通过运用知识去实现自己的理想。人们当前拥有的性情、所处的境遇、拥有的力量、表现出的健康状况,都是对人过去惯性思维方式结果的展现,因此,不难看出知识的价值。

2. 假设我们的健康状况此时不容乐观,那么我们最应该做的就是反省自我的思维方式,对其进行系统审视,发现其中的问题。我们要时刻记得,所有的思想都会在人的内心留下印记。而所有的印记都会成为一颗有待唤醒的种子,当将其植入人的潜意识土壤中时,必然会形成某种倾向。此倾向会对人的想法产生引导,随着种子的不断长大,我们可以意识到它不久之后就可以丰收了。

3. 假设疾病的恶因存在于众多的思想中,那么随后的收获自然是疾病、痛苦和颓废。最重要的是,我们的思想里有什么,创造思维就会倾向哪里,那么收获什么样的结果就是注定的了。

4. 当你的健康状况出现问题,亟须调整,视觉化的规律会对你产生极大的帮助。你完全可以在自己的大脑中构建起体格健壮的图画,并让其在你的内心留下印记,最后让潜意识对该印记进行吸收。利用此方法,很多人在短短数周内就治好了长期困扰自己的慢性疾病,很多人仅利用几天时间甚至是十几分钟，就击败了普通的小病。

5. 精神通过共振的原理对身体产生作用。我们知道，精神行为是一种振动形式，所有形式的存在也是一种运动模式，一种振动频率。任何振动都会改变体内原子的活动，影响每个活细胞，引起细胞组织内的化学反应。

6. 宇宙中的万事万物都不过是一种振动形式。改变振动频率就改变了事物的本质、性质和形态。大自然中，无论是可见的还是不可见的景观，都处于振动所引起的永恒变化中。因为思想也是一种振动形式，因此我们可以运用这种力量。我们可以改变思想的振动方式，让身体达到良好的状态。

7. 我们每时每刻都在使用这种力量。正因为大多数人都是在无意识的情况下使用这种力量，所以往往会导致不尽如人意的结果。所有问题的关键都取决于我们是否明智地使用它，只有明智地使用它，我们才能得到我们想要的一切。要做到这一点并不难，因为我们每个人都有足够的经验，知道如何让身体愉快地振动，也知道什么会让身体感觉不好和不快乐。

8. 因此，我们可以用自己的经验作为参谋。当我们的思想是高尚的、进步的、勇敢的、崇高的、善良的和完全建设性的，我们就会激活一种振动形式，从而导致积极的结果。当我们的思想充满嫉妒、怨恨、批评、恶意或任何其他不和谐时，就会激活一种不同性质的振动形式，这也会带来不好的后果。无论这种振动是什么，如果它持续下去，就会在现实世界中形成。前者会带来身心健康和道德完美，后者则会导致混乱、疾病和各种不和谐。

9. 我们现在应该明白，精神拥有控制身体的能力。

10. 众所周知，客观精神会对身体产生影响。如果有人对你说了一件有趣的事，你会大笑，全身颤抖，这说明思想可以控制身体的肌肉。同样，如果有人对你说了一些引发你同情的话，你可能会泪流满面，这说明思想可以控制身体的腺体。或者，如果有人说了让你生气的话，你可能会感到血液涌向头部，这表明思想也能够控制血液循环。但所有这些体验都不过是客观精神对身体的作用，这种作用是暂时的，其效果转瞬即逝，一切很快就会恢复原状。

11. 潜意识控制身体的行为方式完全不同。如果你受伤了，就会有成千上万的细胞立即开始行动，进行医疗救治的工作。几天或十几周以后，伤口就痊愈了。如果你骨折了，世界上没有任何一个外科医生能够帮助你把断骨接到一处（我不是说他们不能插上钢板，或是通过其他的器械帮助骨骼恢复或者取代断骨）。医生可以帮你把骨头复位，潜意识会立即开始接合工作，在很短的时间内，断裂的骨头就会像以前一样坚固。如果你吞下了有毒的东西，潜意识会立即意识到危险，并奋力将毒素驱除。如果你感染了危险的病毒，潜意识会立即开始在感染区周围筑起一道防御墙，然后用专门对付入侵者的白细胞吞噬感染区。

12. 这种潜意识的过程通常不会在人的认识或是指引下发生，只要我们不加干涉，结果一定是完美的。然而，由于这上百万个修复伤损的细胞个个都充满智慧，并且随时会对我们的思想做出反应，因此我们的一些恐惧、怀疑、忧惧的想法常常让这些细胞瘫痪麻痹，变得无能为力。这些细胞就像是一支工人大军，每次出发准备执行一件重要的任务时，一开始你就号召它们罢工，或是突然改变它们的行动计划，久而久之，它们就会变得灰心丧气，最后干脆放弃行动。

13. 通往健康的道路，是建立在共振法则的基础上的，这是一切科学的基石。共振法则通过精神，也就是"内在世界"发生作用。这是一种个人的努力和实践。我们的力量世界就是自己的内在世界。如果我们足够聪明，就不应该浪费时间，而是赶快行动起来，针对"外部世界"中出现的问题寻找解决问题的方案。外部世界只不过是内在世界的反映。

14. 答案总能在"内心世界"中找到。改变原因，结果也会随之改变。

15. 你身体里的每一个细胞都充满智慧，它们会按照你的指示行事。这些细胞是创造者，它们根据你的指令创造出精确的模式。

16. 因此，如果主观意识中有一个完美的形象，那么创造性的能量也会塑造一个健康完美的身体。

17. 大脑是受精神状态，也就是心态影响的，所以，如果不良的精神状态导入主观意识中，主观意识就会把这种信号传递给我们的身体。这样我们就应该明白，如果我们希望的是健康、强壮、充满活力，那么这种健康、强壮、充满活力的思想一定会成为我们的主导性思想。

18. 我们知道，人体的所有组成部分都是振动形式的结果。

19. 我们知道，精神行为是一种振动形式。

20. 我们知道，高级振动形式可以统治、领导、改变、控制和消除低级振动形式。

21. 我们知道，振动形式是由脑细胞的性质决定的。

22. 我们同样知道，这种脑细胞是如何产生的。

23. 因此，我们知道应该如何让身体的健康状况朝着我们所希望的方向发生改变。通过了解精神能量的工作方式，就可以让自己无限制地与无所不能的自然法则保持和谐。

24. 精神对身体的控制，或者说，精神对身体的影响，正在被越来越多的人所接受。许多医生开始致力于研究这一问题。阿尔伯特·T.肖菲尔德博士曾就这一问题撰写过多部著作，他说："精神治疗现在还没有得到医学界应有的重视，心理学没有从对人类有益的角度研究这种重要的精神能量，更没有提到精神控制身体的潜能。"

25. 毫无疑问，很多医生治疗一些功能性的神经疾病非常有效，但我们要强调的是，他们所运用的方法完全是出于经验和直觉，而不是在学校或者从书本中学到的知识。

26. 事情的发展不应如此。所有的医学院应正视精神疗法的力量，展开慎重、具体的科学研究与讲授。还可以基于当前频发的误医、误诊问题展开探讨，很多情况是因为某一环节的忽视而导致毁灭性结果的出现。

27. 毫无疑问，很多病人并没有意识到自己可以为自己做什么。当病人可以帮助自己的时候，他所能激发的力量不容小觑。我们坚信，这种力量会无限放大，会远超人们的想象。毋庸置疑，此方式的运用会逐步推广开来。精神治疗过程依靠的主体是自己，同时治疗方式多样化。例如，情绪平稳下来，让自己的头脑冷静下来，唤醒心中沉睡已久的幸福感，让自己充满希望、拥有信念、相信爱情，形成一种心理暗示，将自己从负面情绪中解脱出来，同时完成对痛苦的转移等。

28. 你的作业是，细细品味、思考丁尼生的诗句："你们要向他开口，因为他听到你们的心灵与心灵在空中相遇，他比手足更加亲密，他离你比呼吸更近。"尝试着对其进行深度理解，"向他开口"可以理解为对宇宙全能力量的触摸。

29. 在认识无限宇宙力量的过程中，必将对多样化的疾病进行有效摧毁，需要切记的是，有些人错误地认为，疾病、苦难源自上天。如果基于此理论，医院和医生的存在岂不是有悖于上天？显然，类似荒谬的说法在人的略微思考后就能被推翻。

30. 然后，将我们的思想停留于某个事实上。不久前，神学始终宣讲根本不可能存在的造物主，那些犯罪的人被称为有能力犯罪的人，是被创造出来的，然后再去对他们的罪恶进行惩罚。显然，这是无端言论，可笑且荒谬，同时会对较多人造成恐慌，由此淡化了世界上的爱。然而，他们就这样宣讲了两千多年，直到如今，神学家们才为长期以来的荒唐言论道歉。

31. 现在，你会更加容易接受，理想的人是按照造物主的形象和样式造就的说法。所有的一切都源于精神，表现为它的形成、它的产生、它对万物的创造。"万物不过是硕大整体的组成部分，上帝是整体的灵魂，大自然即它的身体。"际遇由认知而生，行为由灵感而生。知识推动成长，进步实现卓越。一切都源于精神，逐渐完成向造化无穷可能性的转化。

第23堂课
"舍"与"得"不分家

成功的法则是以服务于人为基础展开的，人类拥有的正是人类付出的。慷慨大度的思想会有两个特点，即充满力量、充满活力。相反，自私自利的思想则是毁灭的开始。正所谓，"我为人人，人人为我"，表现的是彼此间的互利、互惠。所有的人都可以将自己的东西给予他人，而另外一个你正是你面前的他，同样也可以拿出他的所有给予你，彼此给予得越多，得到的也就越多。

讲述了这么久，很开心在这里为大家讲述第23堂课的内容，在本课的讲述中，大家会学到的知识是财富会影响我们的生活。

我们知道，思想具有创造性的特点。基于此，我们需要付出的，最具实际价值的东西，就是我们的思想。

创造性思想是以全神贯注为获得基础的，而全神贯注的能力并非所有人都拥有的，它是那些"超人"的武器。全神贯注有利于实现意念的集中，当人具备了集中意念的能力后，才可以发挥其精神力量，精神力量是所有现有力量中力度最强的力量。

这是涉及所有学科的科学。这是所有艺术之上的艺术，它与人类的生活有着密切的关联。因此，精通了此科学、掌握了此艺术，就会获取不断进步的机会。精通此学问以后，可以让人拥有逆水行舟的能力。但是此能力的获得并非一蹴而就，而是需要付出一生的时间不断学习的，换言之，这是一门毕生的功课。宇宙主旋律的表现形式为"一报还一报"。人类不断探寻大自然的平衡法则。"来"对应"往"，否则就会出现真空。当遵循了此法则后，你必定可以按此条路线完成对自身的调整，并从中收获颇丰。

1. 金钱意识属于精神态度的表现结果，更是通向商业命脉的大门。这是一种接受性极强的精神态度。愿望是具有吸引力的，能够助推财富的快速流动，反之，恐惧是发展道路上的绊脚石，它会对致富过程造成阻力，使财富远离我们。

2. 恐惧反映了金钱意识的反面。恐惧是贫穷意识的体现，我们的付出与回报是相对的，这是不变的法则。当我们产生恐惧意识时，我们得到的自然就是我们最恐惧的结果。金钱将我们编织进生活之网，它会听从内心的召唤，是美好想法的驱动力。

3. 被定义为广义朋友后，才可能广开财路。我们在与朋友的交往中，可以通过帮助朋友、为朋友谋利的方式，不断拓宽我们的朋友圈子。所以，成功的首条法则是服务于他人，而服务的基础是诚实。试想，心怀鬼胎之人，又怎能理解交换的基本原理呢？他注定是一事无成的。无论他是一时得意还是已经一无所有，后续还会有更大的挫折等待他。即使他可以欺骗所有人，但是欺骗不了"无限"。在因果循环的定理下，他必将受到惩罚。

4. 生命是以其创造性对外彰显力量的。我们的意念、我们的理想构建起了强有力的生命力量，它们被创设成外在的形态。我们最应该做到的是，拥有开放的心灵，善于接纳新生的事物，敏锐地洞察新的机遇，将过程看得比结果更重要，因为乐趣通常产生于过程之中而非结果。

5. 你应该让自己成为财富的磁石，但在此之前，你必须首先考虑他人的福祉。如果你有足够的洞察力，能够感知并利用机会和有利条件，并认识到其中的价值，你就能使自己处于有利地位，但归根结底，你的巨大成功将来自你对他人的帮助。如果你使一个人受益，你就会使所有人受益。

6. 慷慨的思想充满力量和活力，自私的思想则蕴含着毁灭的萌芽。所有自私的思想最终都会瓦解和消失。金融家不过是大笔资金进出的通道，出口的堵塞与收入的切断同样危险。两头都必须畅通。因此，如果我们能够认识到"有舍才有得"这一基本道理，就能成就一番事业！

7. 如果我们意识到全能的力量是一切供给的源泉，而我们只需将自己的意识与这无限的供给保持一致，全能的力量就能带给我们自身所需要的一切。我们会发现，我们付出的越多，得到的也就越多。在这里，给予意味着服务。银行家付出他的金库，商人付出他的货物，作家付出他的思想，工人付出他的技能。所有人都能拿出自己的一切来奉献他人。而他们付出的越多，得到的也就越多。一旦他们得到了更多，他们就有能力给予更多。

8. 金融家得到的更多，是因为他付出的更多。他善于思考，从不让别人替他思考，他想知道如何才能获得理想的结果。而你们——他身边的人，给了他启迪。当他从你们那里得到他想要的答案时，他就会提供方法和途径，让成千上万的人受益。当成千上万的人获得成功时，金融家自己也就获得了成功。摩根、洛克菲勒、卡耐基等人致富，并不是因为他们让别人付出了代价。相反，这是因为他们能够让其他人致富，这也是他们成为世界上最富有国家中最富有的人的原因！

9. 大多数凡人无法深入思考，只能像鹦鹉一样接受和重复他人的意见。这就是舆论导向的手段，所谓的大多数群众，其软弱温顺的态度使他们甘愿放弃自己思考的能力，让一部分少数人代劳，这就导致了世界上许多国家出现了少数人篡夺多数人权利的局面，造成了少数人压迫多数人的局面。创造性思维需要关注这些方面。

10. 专注的力量被称为意念聚焦，这种力量由意识控制。正因为如此，我们只能把意念集中在自己真正渴望的事情上，而不能集中在其他事情上。很多人总是把注意力集中在那些悲伤、失落、困惑等事情上。而思想是有创造力的，关注这些负面的东西必然会导致更多的损失、痛苦和困扰。不是吗？另一方面，如果我们成功了、有成就了，或者处于其他令我们高兴的境况中，我们往往会自然而然地关注这些事情的结果，从而获得更多的成就和有利的境况。这就是所谓的"多多益善"。

11. 无论精神是什么，或者不是什么，我们都需要把它看作意识的本质，心灵的实质根源。所有的想法都是有意识的活动或精神、思想活动的阶段。因此，只有在精神世界中，才能找到终极现实，真实的事物或想法。

12. 认识到这一点，难道你不认为真正领悟精神及其表现法则是一个"务实"的人所能追求的最"务实"的事情吗？难道你不认为如果一个"务实"的人认识到了这一真理，就会"使出浑身解数"来领悟和追求精神存在及其法则吗？这些人绝不是傻瓜。他们只需掌握这些基本原理，就能踏上通往一切成就的道路。

13. 我想举一个具体的例子。我在芝加哥认识一个朋友，他是个彻头彻尾的唯物主义者。他一生中有过很多成功，但也有过一些失败。我最后一次和他谈话时，他实际上正处于"低谷"（我是说，与他的职业生涯相比）。他似乎成了"秋后的蚂蚱"，因为他已人到中年，不再像前些年那样能迅速想出新点子。

14. 他对我说了大意如下的话："我知道做生意重要的是要有想法，傻瓜都知道这一点。但我现在似乎没什么想法。不过，如果你说的'精神主义'行得通，那么每个人都可以与无限精神'接触'。在这无限精神中，一定蕴藏着各种奇思妙想，像我这样既有胆识又有知识的人，一定能把这些想法付诸实践，在商界大获全胜。看起来不错，我得好好研究研究。"

15. 那是几年前的事了。有一天，我又听到了这个人的消息。在和朋友聊天时，我问道："我们的老朋友XXX怎么样了？他没有东山再起吗？"朋友惊讶地看着我。"不会吧，"他说，"你没听说XXX发了财吗？他现在是XX公司（他说的这家公司最近一年半引起了轰动，现在已经很有名气了，它的广告在国内外都很有名气）的要员，那个'金点子'就是他想出来的。嘿，他这次净赚了近50万，最近马上就要突破百万大关了。但他只用了一年半的时间。"我没再联系过这个人，但听说提到的公司确实做得很不错。经过调查，情况确实如此，上面说的一点儿也不夸张。

16. 现在，你怎么看？在我看来，这说明这个人确实设法与无限精神"合拍"，领悟了它，并驱使它为自己工作，"将它用于自己的业务经营中"。

17. 这听起来是不是有点亵渎神明，不够虔诚？我希望不会。至少这不是我的本意。不要把"无限"一词理解为"个性化的上帝"或"夸张的个性"。你只有正确地领悟了"无限"的含义，才能够真正地领悟到"无限存在的力量"，才能领悟到它的本质是意识——其实说到底就是"精神"。这个人的成功也可以看作是这种"精神"的体现。在这里，我们要说的是，正是因为他与自己的创造源泉和力量之源和谐一致，这种无穷的力量才会或多或少地在他身上显现出来，这样说并没有任何亵渎的意思。我们每个人都可以根据创造性思维的指引来使用自己的精神。这个人更进一步，以一种非常"实用"的方式利用了这种力量。

18. 我没有充当此人的顾问，也没有与他商议应该采取什么措施，尽管我一开始确实打算这样做。他不仅从"无限供应"中获得了他所需要的想法（这成为他成功的萌芽），而且还利用了他头脑中的创造力，按照他希望的客观物质形式，为自己构建了一个理想的模型，然后，他又不断地改变、填充和完善原来的细节……使这个理想的模型从粗略的轮廓趋向于细节的完美。事实的确如此，我这样说的依据当然不仅仅是我对几年前一次谈话的回忆，而是依据这种创造性思维在许多杰出人物身上的体现。的确，在许多杰出的人身上都体现了这种创造性思维。

19. 有些人可能不相信，使用这种"无限的力量"有助于人在客观物质世界中行事。但是，你要记住，在这个过程中，哪怕是与这种"无限"

有一丁点儿的矛盾，也不会得到想要的结果。"无限"不是你想拿就拿、想放就放的东西。

20. 精神是真实的存在、完整的存在，而物质只是一种可塑材料。精神能够创造、塑造和控制物质，使其为所欲为。精神存在是世界上最真实的东西——唯一真实、绝对真实的东西！

21. 在本堂课中，请让我们在这个问题上集中意念：人，不是一个具有精神的躯体，而是具有躯体的精神。因此，人的渴望只有通过精神才能获取永久的满足。金钱能够给我们带来渴望的境遇，除此以外，它没有任何的价值。这种境遇是和谐的，会带来应有尽有的供应。因此，如果出现穷乏困窘的状况，我们应该意识到，金钱的核心概念在于它是服务于人的，在这一思想的引导下，供应的渠道就会开启，到那时，你会很高兴地认识到，精神方法绝对是具有实效性的。

第 24 堂课
相信自己，我能行

你最大的劲敌就是你自己，你最需要做的事情就是告诉自己心中的目标，只有这样，你的目标才能实现。在实现目标的过程中，你会清晰地发现上天赐给了我们所有，但是运用此方法在于发挥你自身的内在力量。

这次的课程已经接近尾声，马上要进入第 24 堂课的学习。

当你可以做到每天都利用几分钟的时间完成本书所讲的理论练习时，不久你就会发现自己真的可以从生活中获取心中所想。原因在于，之前你已经将你的所思所想植入了你的生活。你可能会认同这样一句话："思想是战无不胜的，它无比浩瀚，它无比充沛，它无比真切，它无比有理有据，可行可用。"这种知识背景下获取的果实，会是上天的恩赐。

正是此"真理"让人获得自由，可以从匮乏、局限中解脱出来。除此之外，此法则并不会因人而异。你的惯性思维、曾经经历的一切，都不会成为你未来发展的羁绊，认识至此，难道不让人感到妙不可言吗？

如果你是某宗教的忠实信徒，那么，后续将要介绍的这位伟大的宗教导师将会为你的未来铺平道路。如果你的精神偏好是物质科学，此法则在运行过程中会体现出数学的准确性。如果你是哲学爱好者，柏拉图可能是你的导师……无论怎样，这种无限力量，你都可以触手可及。我坚信，对于此原理的领悟，是古代炼金术士们做梦都想知道的奥秘，因为，这一原理揭开的秘密是：如何将头脑中的黄金转化为现实中的真金。

1. 当科学家们通过长时间的研究，第一次将太阳作为太阳系的中心，得出地球围绕太阳公转的理论时，所有人都为之惊讶。这种以太阳为中心的观点从表层来讲，荒诞无稽的同时漏洞百出。在多数人的潜意识中，他们更愿意接受的是太阳每日的升起和落下。但是在科学家们的不断努力下，终于以事实为依据证明了此观点的正确性，让所有人都接受了此理论。

2. 我们基于铃铛的性质，将其定义为"发出响声的物体"，但是我们清楚地知道，铃铛之所以可以发出响声，原因在于它使空气发生振动，在振动频率达到每秒 16 次或以上时，我们就可以听到声音了。每秒 38000 次以内的振动都可以被人清晰地感觉到。当振动超过此频率，一切便再次归于寂静。所以我们更应该明白的道理是，声音并非铃铛产生的，而是我们心灵所产生的。

3. 我们基于太阳光热的特点将其称为"发光的物体"。但我们知道，太阳是借助"以太"（能媒）以每秒 400 万亿以上的振动频率完成能量传递的，这种能量被称为"光波"。一直以来被我们称为"光"的物质，仅是能量的一种形式而已，所谓的"光"，是因为波的振动让我们心中产生感觉。当振动的频率不断增加后，光的色彩也会随之发生变化。简言之，色彩的变化是由振动频率的增减引起的。我们日常所讲的，玫瑰是红的，青草是碧绿的，天空是蔚蓝的……这些世人皆知的颜色，实际上都存在于我们的心灵中，是在光波振动下作用于我们心理而产生的感受罢了。当振动的频率不断降低，降低至每秒 400 亿以下时，那么光就不能再被称为光，而是转化为热了。由此可以得出结论，我们的感官证据并不具备可靠性，不能用于对事物真实性的证明。

4. 形而上学体系的理论与实践涉及的内容较多：了解你自身的同时，了解你生存于其中的整个世界。明白和谐的思想与和谐的生命之间的关联，有了和谐的思想才能有和谐的生命。

5. 当你知道所有的疾病、痛苦、匮乏和限制都是错误思维的结果时，你就会真正理解那句话——"真理会让你自由。"你会看到大山从你面前移开。如果这些只不过是怀疑之山、恐惧之山、忧虑之山或其他种类的气馁之山，要知道它们只不过是虚幻的存在，不仅应该被移走，而且应该被"扔进大海"。

6. 你真正需要做的就是确切地了解上述这些事实。如果你做到了这一点，你就能够正确地思考。有一条重要的真理法则，那就是：它自己会日渐显现出来。

7. 那些使用精神治疗方法的人都明白这个道理，他们在自己和他人的日常生活中实践着这个道理。他们知道，生命、健康和财富存在于天地万物之中，而那些允许疾病、匮乏等发生在自己身上的人还没有意识到这一伟大的法则。

8. 所有情形都是思想的产物，因此都属于精神范畴。疾病和匮乏也不过是一种无法感知真理存在的精神状态。只有他们远离错误之山，这些负面的情形才会改变。

9. 消除错误的方法就是沉浸在"寂静"之中去寻求真理。万灵归一，你可以为自己寻求真理，也可以为他人寻求真理。如果你学会了在头脑中描绘你所期望的情景，你就能发现通往目标的捷径。如果你还做不到这一点，你就应该通过内心的自我论证来说服自己自我目标的正确性，从而实现自己的梦想。

10. 请记住！不管有多少困难，不管哪里有坎坷，不管涉及什么人，对你来说，你唯一要面对的人就是你自己，你唯一要做的就是告诉自己：

你想要的结果一定会实现。

11. 这是符合形而上学体系的科学表述，重要的是要认识到，所有永恒的结果都是通过它实现的。

12. 精神图景的构建、自我内心的论证、自我暗示都是集中意念的不同形式，通过这些途径，你可以领悟真理，实现梦想。

13. 如果你想帮助一个人，想帮助那些受苦受难的人克服局限、匮乏和谬误，你应该采取的方法是，不需要考虑你想帮助的那个人，你只需要有帮助他们的觉悟，这就足够了。因为这种意识会让你在精神上与那个人相遇。然后，从你自己的头脑中驱除软弱、匮乏、限制、危险、困难等想法。如果你能做到这一点，你希望实现的结果就一定会实现，你希望帮助的那个人也会得到解脱。

14. 然而，请记住，思想是有创造力的，当你的思想专注于那些似乎并不和谐的情境时，你必须意识到，这些情境只不过是暂时的表象，并不是真实的存在，唯一真实的存在是精神，而精神永远是完美的。

15. 所有的思想都是一种能量形态，一种振动频率。而正确的思想则是最佳形式的振动，因此可以摧毁所有谬误，就像光明可以驱逐黑暗一样。任何谎言都会在真相被揭露时自动逃跑。因此，你的整个精神努力都在于意识到什么是真理。这将使您能够克服所有弱点、匮乏、局限性、疾病等。

16. 我们无法从外部世界获得对真理的认识，因为外部世界只是相对的。真理是绝对的。因此，我们只能在内心世界中寻求真理。

17. 训练你认识唯一真理的智慧，就是你唯一真实境遇的体现。当你能够做到这一点时，你就已经取得了进步。

18. "自我"是完整的，也是完美的。而真正的"自我"是精神的，也是尽善尽美的。天才的灵感不是来自脑细胞的运动，而是来自"自我"。"自我"是与宇宙精神和谐统一的精神自我。这种精神认同是一切灵感、一切天才的源泉。这种灵感的结果影响深远，将影响到所有后代。它们是云中的火柱，照亮了漫漫的旅程。

19. 真理不是通过逻辑训练或实验就能获得的，真理甚至无法被观察到。真理是意识发展的产物。凯撒大帝的真理意味着他的独裁统治，这体现在他的生活和行为中，也体现在他对社会进步和社会变革的影响中。你的生活和行为以及你对世界的影响取决于你对真理的认知程度，因为真理不是体现在信条中，而是体现在行为中。

20. 真理也体现在个人的品格中，而个人的品格则是他对自己宗教信仰的诠释。信仰意味着真理。这种真理体现在他的性格中。如果一个人总是抱怨运气不好，那他就是在自欺欺人，因为他否认了真理的理性，而真理已经清晰地展现在我们面前，叫我们无可辩驳。

21. 我们所处的环境以及生活中的无数情境和遭遇，在出现之前就已经存在于我们的潜意识人格中，而这种潜意识会吸引与其气质相匹配的精神和物质原材料。由此我们可以知道，过去创造现在，现在创造未来。如果我们的个人生活中出现了任何不公或不顺，我们首先应该从自己的内心出发，看看是什么精神因素给我们带来了这些外在的结果。

22. 真理能使人"自由"，如果你有意识地认识真理，你就能克服一切困难。

23. 在你外部世界所发生的一切，总是在你内心世界所发生的一切的反映。因此，让你的心灵拥有完美的理想，这样你才能在外部环境中遇到理想的机遇和条件——这是科学证明的。

24. 如果你总是看到环境中的缺憾、不满、限制等消极方面，那么这些情况就会越来越多地出现在你的生活中。然而，如果你训练自己的心灵去注视精神上的自我，它永远是完美、完整与和谐的，那么你就能拥有一个有益于身心健康的外部环境。

25. 思想是具有创造性的，而真理是最完备、最高境界的思想。因此，正确的思考能够带来正确的创造。当真理到来，谬误必然退避、消失，这一点是不言自明的。

26. 宇宙精神是所有精神的汇聚。精神就是智慧，精神就是思想。精神和思想是同义词。

27. 你必须努力地认识到这一点，精神不是个体的存在，精神是无处不在的。它布满一切存在之中……因此，精神是宇宙中的普遍存在。

28. 大多数人认为上帝意味着自身以外的什么东西，而事实正好相反。如果我们的身上缺少了它的存在，那么我们就是已死之人了，我们也就不存在了。自灵魂离开我们身体的一刹那起，我们就什么也不是了。因此，精神是真实存在的，是我们身体的全部。

29. 思维的唯一活动就是思考。因此，思维应该是创造性的，因为精神是创造性的。这种创造力是一种非人格的力量，而你的思考能力，也就是你控制这种创造力的能力，就是你利用这种创造力为自己和他人谋福利的能力。

30. 当你认识、理解并接受这一真理时，你就拥有了一把"万能钥匙"。但请记住，只有这样的人才能进入这座精神宝库，分享其中的一切：他们有足够的智慧去领悟真理，有足够开阔的胸襟去权衡证据，有坚定的意志去遵循自己的判断，有足够强大的力量去做出必要的自我牺牲。

31. 在这一课中，我们试图认识到，我们其实生活在一个真实的神奇世界里，而你也是一个神奇的生命体。在这个神奇的世界里，许多人开始意识到什么是真理。一旦他们意识到什么是"为他们准备好的"，他们就能实现那些"眼睛没有看到，耳朵没有听到，心灵没有想象到"的事情（以上引文出自《新约·哥林多前书》第2章第9节）。这样的辉煌并不存在。他们已经渡过了审判之河，到达了是非的彼岸，发现自己所希望和梦想的一切不过是对那令人眼花缭乱的现实的平淡想象。

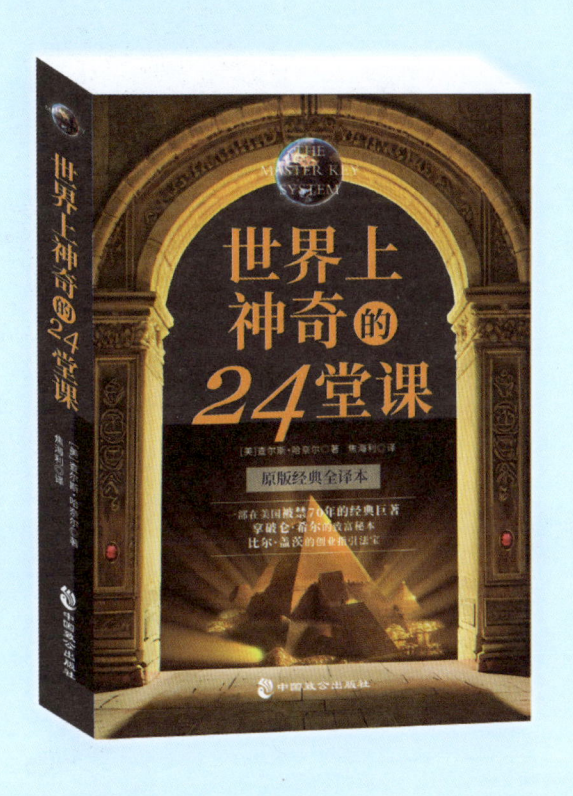

世界上最神奇的24堂课

　　本书以成功学体系为框架,以 24 堂课的形式重新组合。书中的每一个观点都充满了智慧,每一段文字都值得你花时间去细细体会,每一堂课都值得我们潜心学习、认真实践。建议每周学习一课,并进行积极实践,这样你会拥有更多的体会和收获。

当你翻开这本书时，就仿佛打开了人类认知世界的一扇大门。在这里，你能够不断地提升自身的能力，拓展思维，获取知识，改变观念；你能够具有更广阔的视野，摆脱猜疑、消沉、恐惧、忧郁等消极情绪的束缚，成功地打破各种局限。

你最大的挑战在于克服自己，你需要不断地向自己传达心中的目标。只有这样，你的梦想才能变为现实。在追求目标的过程中，你会逐渐认识到，虽然上天赐给了你所有，但其关键在于发挥自身的内在力量。

相信自己
我能行

第 1 堂课　用心感受自己的能量

第 2 堂课　成功的钥匙握在自己手里

第 3 堂课　态度决定高度

为什么有的人能够轻而易举地取得成功，财富和权势似乎近在咫尺，而有的人则需要付出艰辛的努力，才能实现长远的目标？为什么有的人在追求梦想的道路上频遭挫折，最终还是被现实所击倒呢？

第 4 堂课　思想就是能量

第 5 堂课　创造想要的一切

第 6 堂课　像狩猎者一样盯住目标

为什么对于有的人而言成功易如反掌，对于有的人而言却困难重重，甚至还有的人不管怎么努力都难以获得成功？这不可能仅仅是身体方面的差异，毕竟人与人之间的本质差异并非体力，而在于心智。

第 22 堂课　时刻更新自己

第 23 堂课　"舍"与"得"不分家

第 24 堂课　相信自己，我能行

人们目前所表现出的性格、状况、优势，甚至健康状况，都是过去习惯性思维方式结果的体现。积极的结果是在积极思维的作用下获得的。因此，当我们希望拥有健康和充沛精力时，就应该让健康和精力充沛的想法成为我们的主导思想。

第 19 堂课　不要盲目，要知己知彼

第 20 堂课　劳心者不劳力

第 21 堂课　不要限制你的想象

影响成功的因素众多，但是获取成功的秘诀之一就是大胆畅想，同时它也是通往胜利的捷径。那些拥有大智慧的人，通常会从大局展开思考。而那些能着眼于大局的人，才有可能获得成功。

大脑对待生活的态度，决定着你的生活境遇。如果说思想就是因，那么你所经历的生活就是果。既然如此，就不必再抱怨过去或现在的处境。因为这一切都取决于你自己，取决于你是否能将环境转变成一种理想状态。

第 7 堂课　让一切都往好的方向发展

第 8 堂课　思想引发行动

第 9 堂课　从改变自己开始

当你的思维能够透视事物的本质时，世界将会焕然一新，琐碎卑微变得颇有意义，索然无味变得趣味无穷。曾经你认为无关紧要的事情，此时将会成为生命中最重要的存在。

第 16 堂课　将你的理想视觉化

第 17 堂课　渴望是希望的前提

第 18 堂课　神奇的吸引力法则

如果你不想"劳心"，必然需要"劳力"。当你考虑事情不周时，需要付出更多的心血来弥补。同时，回报与投入未必总是成正比，也有可能减少。在这个世界上，谁也无法确定上帝是否存在。与其相信上帝，不如依靠自己来得实在。

第 13 堂课　没有不可能

第 14 堂课　远离负面思想

第 15 堂课　训练我们的洞察力

　　永远不要对境遇表示不满。你不断在负面的境遇中将思想集中，这种环境就会逐渐形成，最后会成为成功和幸福的绊脚石。面对生活，你要乐观向上，乐观向上，再乐观向上。让明朗、清晰、坚实、笃定充满你的思想，永不改变！

第 10 堂课　有因必有果，因果相循环

第 11 堂课　不要给自己设限

第 12 堂课　将力量汇聚在一起

世界上没有神秘的力量，每一种现象都有其产生的原因。你不仅要有想象的勇气，更要有实现梦想的勇气。你要坚信，自己一定能够"与天父合二为一"，你就是一名创造者，未来必将由你亲手创造。